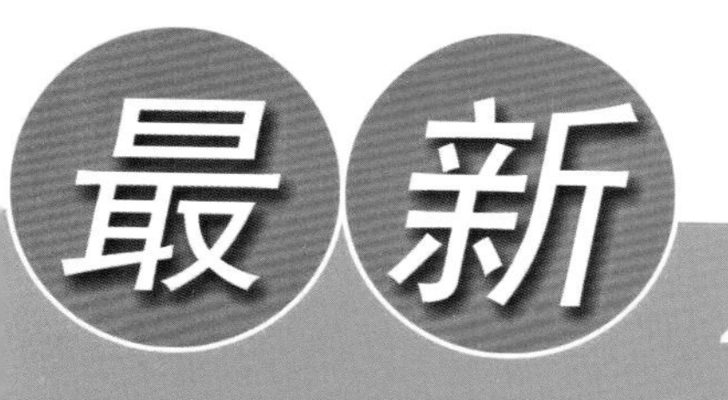

ZHONGGUOJIE SHIPIN

中国结饰品

一本通

犀文图书 编著

天津出版传媒集团

天津科技翻译出版有限公司

图书在版编目（CIP）数据

最新中国结饰品一本通 / 犀文图书编著 . —天津：天津科技翻译出版有限公司，2015.9
ISBN 978-7-5433-3513-4

Ⅰ. ①最… Ⅱ. ①犀… Ⅲ. ①绳结—手工艺品—制作
Ⅳ. ①TS935.5

中国版本图书馆 CIP 数据核字 (2015) 第 130833 号

出　　版：天津科技翻译出版有限公司
出 版 人：刘庆
地　　址：天津市南开区白堤路 244 号
邮政编码：300192
电　　话：（022）87894896
传　　真：（022）87895650
网　　址：www.tsttpc.com
策　　划：犀文图书
印　　刷：北京画中画印刷有限公司
发　　行：全国新华书店
版本记录：787×1092　16 开本　12 印张　240 千字
2015 年 9 月第 1 版　2015 年 9 月第 1 次印刷
定价：39.80 元
（如发现印装问题，可与出版社调换）

P前言 Preface

“结”是美好的象征，一对新人的结合叫喜结连理，万众同心叫团结，好朋友之间可以叫义结金兰等。人们认为“结”蕴含着奇妙的力量，能带来吉祥、好运。在人类结绳历史中，闪烁着中国文明智慧与真挚情感的中国结具有非同一般的地位，毫不夸张地讲，结绳引领并见证了中国文化的发展。

《周易·系辞·下》中记载：“上古结绳而治，后世圣人易之以书契，百官以治，万民以查。”东汉经学大师郑玄在《周易注》中道：“结绳为约，事大，大结其绳；事小，小结其绳。”可见，在文字还没有出现之前，结绳代表着国家或部落的法律条文，结绳也记录着人们的生产生活琐事。随着文字的出现，结绳记事逐渐退出了历史舞台，但在千百年的发展演变中，结绳并未成为文化的“遗珠”，反而以其自身的魅力延伸出新的文化内涵。特别是随着佛教、道教等文化的发展，其演绎出了中华民族独特的“中国结”文化心理和美好情怀。

结有心，艺无界。熟生巧，技有成。借助本书，你可以走进赏心悦目、博大精深的结艺世界，分享中国结文化给你带来的欢欣愉悦，使之成为你生活中的一部分。

目录 Contents

Part1 中国结饰品文化

Part2 中国结技艺

Part3 最新中国结饰品

Part4 中国结饰品制作

Part 1 中国结饰品文化

中国传统装饰结之源

“中国”一词的由来，可以追溯到很早以前一个王朝——商朝。由于商朝的国都位于它的东、南、西、北各方诸侯之中，所以人们称这块土地为“中国”，即居住于中间的王国，它同时又是政治、经济中心。

在古代，“中国”没有作为正式的国名出现，因为那时的王朝或政权，只有国号，而没有国名。他们所说的“中国”，是指地域、文化上的概念。

“中国结”全称为“中国传统装饰结”。它是一种汉民族特有的手工编织工艺品，具有悠久的历史。中国结的起源可以追溯到上古时期，当时的绳结不仅是人们日常生活中的必备用具，同时还具有记载历史的重要功用，因而在人们的心目中是十分神圣的。很早以前人们就开始使用绳结来装饰器物，为绳结注入了美学内涵。除了用于器物的装饰，绳结还被应用在人们的衣着、佩饰上。因此，绳结也是中国古典服饰的重要组成部分。

中国结的编制过程十分复杂费时。每个基本结均以一条绳从头至尾编制而成，并按照结的形状为其命名。最后再将不同的基本结加以组合，其间配以饰物，便成为富含文化底蕴、表示美好祝福、形式精美华丽的工艺品。

悠久的历史和漫长的文化沉淀使中国结蕴涵了汉民族特有的文化精髓。它不仅是美的形式和巧的结构的展示，更是一种自然灵性与人文精神的表露。因此，对传统中国结工艺的继承和发展是极有意义的。

中国结的传承

一条红绳，就这么三缠两绕；一种祝福，就这样编结而成。

在钢筋水泥的现代都市里，人们表达祝福的方式也更现代了：打个电话，发个E－MAIL、礼品电报、礼品鲜花等等，让追求简洁明快作风、讲究效率的现代人似乎忘记了某些传统的东西。于是，当年底的商场里挂满中国结时，人们不禁发现，这蕴涵悠悠古韵的手工编织艺术，正是“另类”的祝福。

传统的东西一定不怕时间的推敲。所以，不用考证，追溯中国结艺的渊源也一定是从远古年代的结绳记事开始。

据说中国结又叫盘长结，它作为一种装饰艺术始于唐宋时代，到了明清时期，人们开始给结命名，为它赋予了更加丰富的内涵。“交丝结龙凤，镂彩织云霞，一寸同心缕，千年长命花”。在古代诗人的词句中，结艺已经到了“织云霞”的地步，足见其时的盛况。

也许咖啡喝多了就觉得平淡，也许忙碌久了就希望有沉淀和积累。大约在20世纪90年代初，现代人被一种怀旧思绪牵引着，开始对传统的搜寻——结艺自然被发掘出来。

不过，现代结艺早已不是简单的传承，它更多地融入了现代人对生活的诠释，加进了现代人的巧思。人们更注重了结艺体现的现代装饰意味，将木艺、年画等多种技巧与结艺结合，使今天的人们更乐于接受。

中国结分大型挂件、小型挂件，因其涵义不同，所挂位置也不同。以前，人们多挂于家中墙壁或门上，如今，有车的人多了，结于是也堂而皇之地成了一种车饰。

悄悄地，中国风刮了起来。于是，街头巷尾，我们常常会看见女孩子身着传统的汉服，佩戴中国结，那精致的盘扣、织锦的质地，让人一望之下隐约品到了远古的神秘与东方的灵秀，不禁遐想一番。

于是，乘着中国风，那散发着传统芳香的中国结艺也许是沉淀得太久，她的古色古香浓浓的，让人如醉如痴。

中国结饰品的归类

中国结的类型从使用的角度来看可以分为佩戴在人身上的饰品，另一种就是悬挂在物件上的配饰。具体可以划分为：头饰、项链、手链、腰饰、脚链和扇坠、手机挂饰、车挂、手包挂饰、剑穗、乐器挂饰、家居挂饰。

项 链

手 链

头 饰

腰 饰

脚 链

扇 坠

手机挂饰

车挂

手包挂饰

剑 穗

乐器挂饰

家居挂饰

Part 2 中国结技艺

线材

麻绳

麻绳具有民族特色，质地有粗有细，较粗的适合用来制作腰带、挂饰等，较细的适合用来制作贴身的配饰，如手绳、项链绳等，这样不会造成皮肤不适。

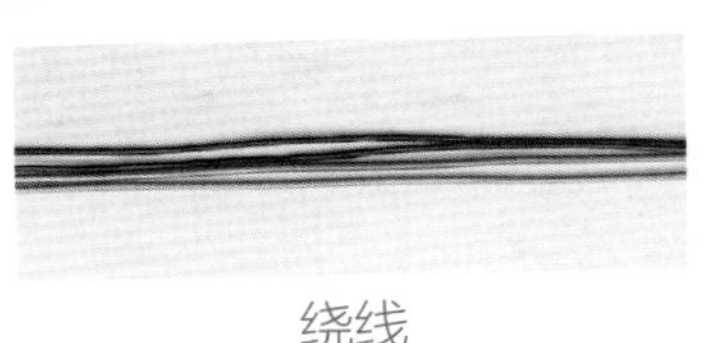
绕线

绕线是用细股线在线芯上通过机器特制的一种线材，质地较硬，易定型。多用于制作固定配件，如流苏帽头等，也用于制作需要立体定型的结体。

股线

股线有单色和七彩色，分3股、6股、9股、12股、15股等规格。常用于绕在中国结的结饰上面作装饰，在制作细款的手绳、脚绳、腰带、手机挂绳等小饰物时也常应用。

韩国丝

常用5号线、6号线，7号线，多用于制作手绳、腰饰、家居挂饰、车挂等具有较大件的饰品。接合时，可用粘胶进行固定，也可以用打火机进行烧粘接合。

芊绵线

芊绵线有美观的纹路，适合制作简易的手绳、项链绳、手机挂绳、手包挂绳等饰品。

五彩线

五彩线由绿、红、黄、白、黑五种颜色的线织造而成，规格有粗有细，有加金和不加金两种。五彩线多用来编成项链绳、手绳、手机绳、手包挂绳。

蜡绳

蜡绳的外表有一层蜡，有多种颜色，是欧美编结常用的线材。

皮绳

皮绳有圆皮绳、扁皮绳等。此类型的线材可以直接在两端添加金属链扣来使用，也可以做出其他的效果。

棉绳

棉绳质地较软，可用于制作简单的手绳、脚绳、小挂饰，适合制作需要表现垂感的饰品。

珠宝线　A玉线　B玉线

玉线多用于穿编小型挂饰，如手绳、脚绳、手机绳、项链绳、戒指、花卉、手包挂绳。

珠宝线有71号、72号等规格。这种线的质感特别软滑，因为特别细的缘故，多用于编手绳、项链绳及珠宝穿绳，是黄金珠宝店常用的线材之一。

一件好的中国结作品，往往是结饰与配件的完美结合。因此，为结饰表面镶嵌圆珠、管珠，或是选用各种玉石、陶瓷等饰物作为坠子，如果选配适宜，就如红花绿叶，相得益彰了。

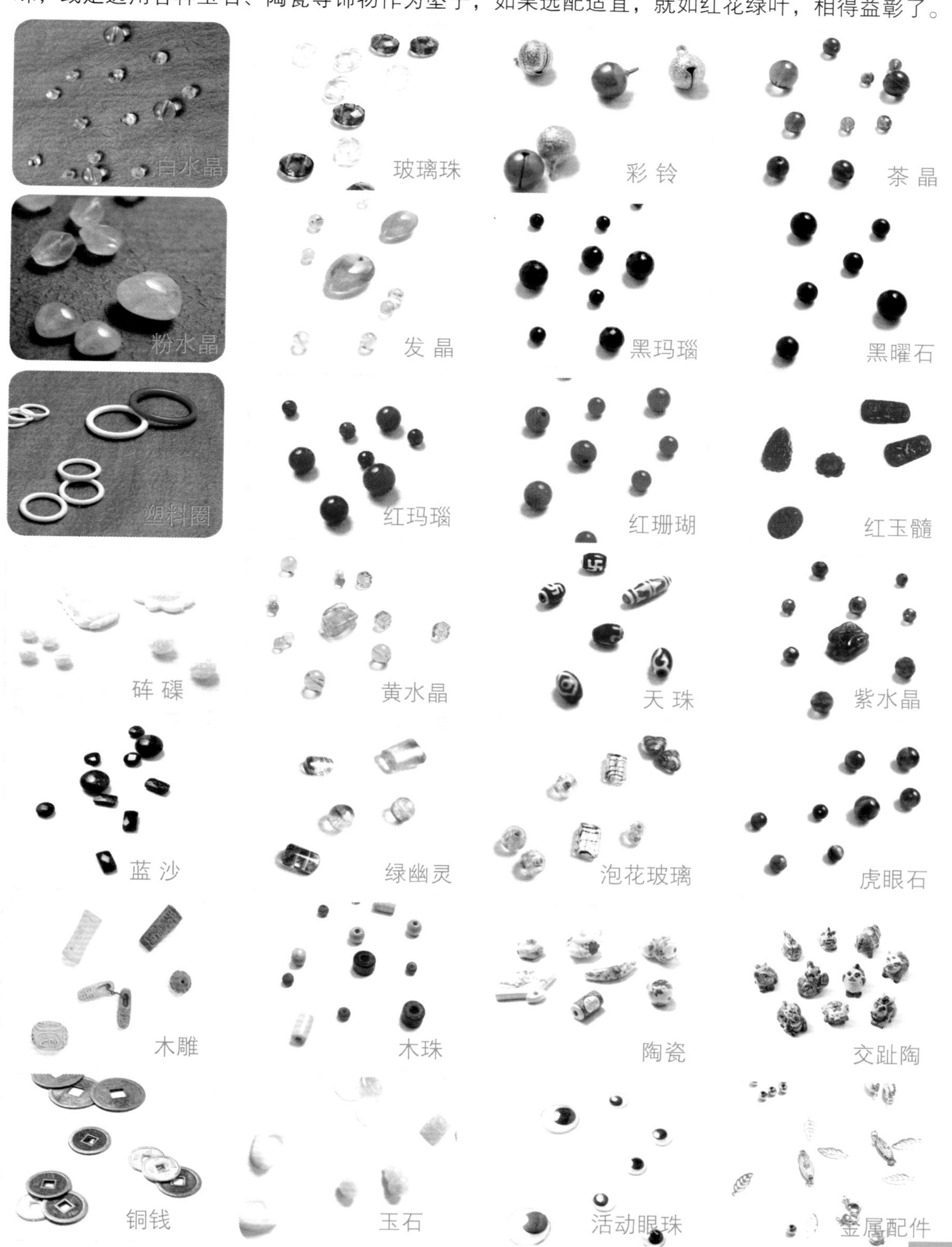

工具

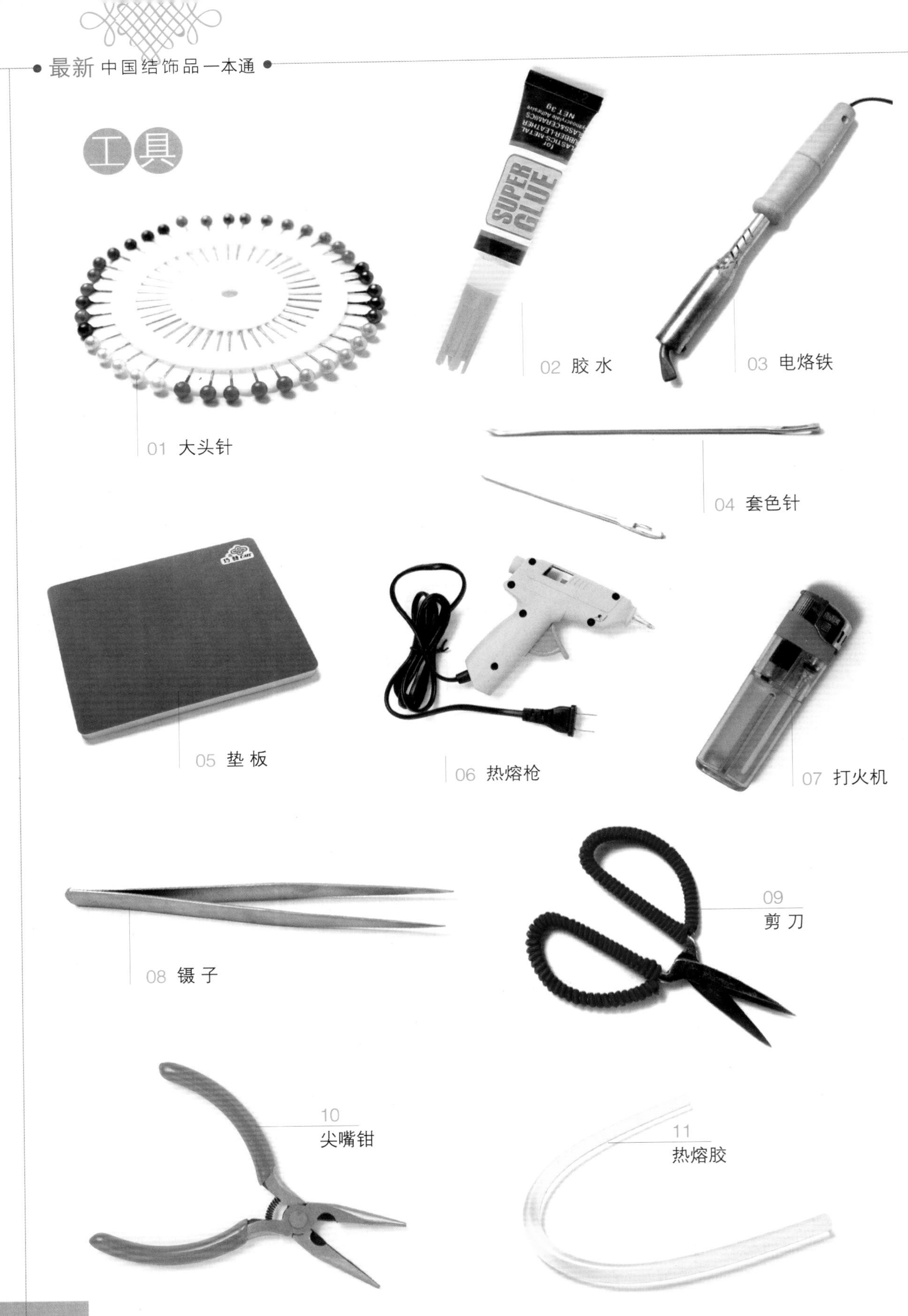
SUPER GLUE
01 大头针
02 胶水
03 电烙铁
04 套色针
05 垫板
06 热熔枪
07 打火机
08 镊子
09 剪刀
10 尖嘴钳
11 热熔胶

编制技巧

技巧提示

1.认清方向后，应确定先抽哪个线头和保留几个结耳。

2.线的两端可绕胶带使它硬直，开始时线与线的间隔可留宽些。

3.线路较复杂时，可用钉板或珠针固定，钩针、镊子可辅助抽拉。

4.认清线路位置，如有错误，应立即调整。

5.抽形前先将结心拉紧，以防变形；再调整耳翼大小、形状。

6.修整时应用颜色相同的细线，将易松散部位缝牢。

7.可以在结的尾端编一个简单的小结，也可穿上珠子或饰物。

8.线头的处理要隐蔽，以免破坏美感。

9.结形、颜色与饰物要搭配得当，大小相宜。

10.用钩针或镊子调整线路，注意结形美观、搭配。

11.灵活运用中国结式的意义及典故，适当增加小配饰。

12.镶上相配的小珠子，以增添结饰的美观。

使用工具与用线提示

中国结的编制，大致分为基本结、变化结及组合结三大类，其编结技术，除需熟练各种基本结的编结技巧外，均具共通的编结原理，并可归纳为基本技法与组合技法。

基本技法乃是以单线条、双线条或多线条来编结，运用线头并行或线头分离的变化，做出多彩多姿的结或结组；而组合技法是利用线头延展、耳翼延展及耳翼勾连的方法，灵活地将各种结组合起来，完成一组组变化万千的结饰。

关于工具

在编较复杂的结时，可以在一个纸盒上利用图钉来固定线路。一般来说，普通形式的尖头图钉就很适用，长头图钉可能反而使手指不易在钉之间穿梭往来。一条线要从别的线下穿过时，也可以利用镊子和钩针来辅助。结饰编好后，为固定结形，可用针线在关键处稍微钉几针。

关于材料

一般来讲，编结的线纹路愈简单愈好，一条纹路复杂的线，虽然未编以前看起来很美观，但是取来编结，在一般情况下，不但结的纹式尽被吞没 ，而线的本身具有的美感也会因结形线条的干扰而失色。另外，线的硬度要适中，如果太硬，不但在编结时不便操作，结形也不易把握；如果太软，编出的结形不挺拔，轮廓不显著，棱角也不突出。

Part 3 最新中国结饰品

清雅

这款手链运用了平淡无奇的方形玉米结，尽管选用清爽素雅的黄色和绿色搭配出来，却呈现出不俗的效果，显得简洁大方且耐人寻味。

心同

这款镂空手链是多个双钱结重复组合，寓意财源广进、紫气东来、大富大贵。

琉璃

手链采用双联结将各式琉璃编制而成，流光溢彩的琉璃蝙蝠无疑成为众目之焦点。“蝠”与“福”、“富”谐音，象征信服、如意或幸福延绵无边。

相伴

用不同颜色的绳线扭成松散随意的两股辫子，金属材质配饰的加入，使这款手链在柔与刚的强烈对比中达到了平衡。

小叮当

在简洁的四股辫上面穿上两个铃铛，桃红色和翠绿色搭配显得活泼可爱，用来给小宝宝佩戴再合适不过了。

幸运草

这款手链由酢浆草结、纽扣结等结编制而成。从教学的角度而言，这款手链是让你一学就会的好范例。

水晶苹果

苹果象征着爱情，这款项链使用了水晶苹果，透明无瑕的水晶苹果象征着纯洁真挚的爱情。

守护

用青色绳线连续打横向双联结，中间添加一对惟妙惟肖的生肖狗玉石配饰，有招财、忠守的吉祥寓意。

巧趣

吉祥结是十字结的延伸，亦是古老装饰结之一，有吉利祥瑞之意。吉祥结的耳翼恰好是七个，所以又称“七圈结”。这款手机挂饰由吉祥结和凤尾结组成，可以根据绳线颜色和配饰的变化做出各种风格的坠子。

桃心

这款挂饰中的桃心和珍珠取材于一款闲置的项链，完成这款作品之后你会发现，无论是整体的配色还是各种素材的搭配，都很和谐、巧妙。由此可以看出，只要用心就可以创造出一个全新的作品。

珍贵

四条线先使用绕线包裹起来，再运用四股辫的方式编制而成，穿上几颗特别的珠饰，黄的、蓝的、白的，犹如珍贵的回忆般细密地收纳在一起。

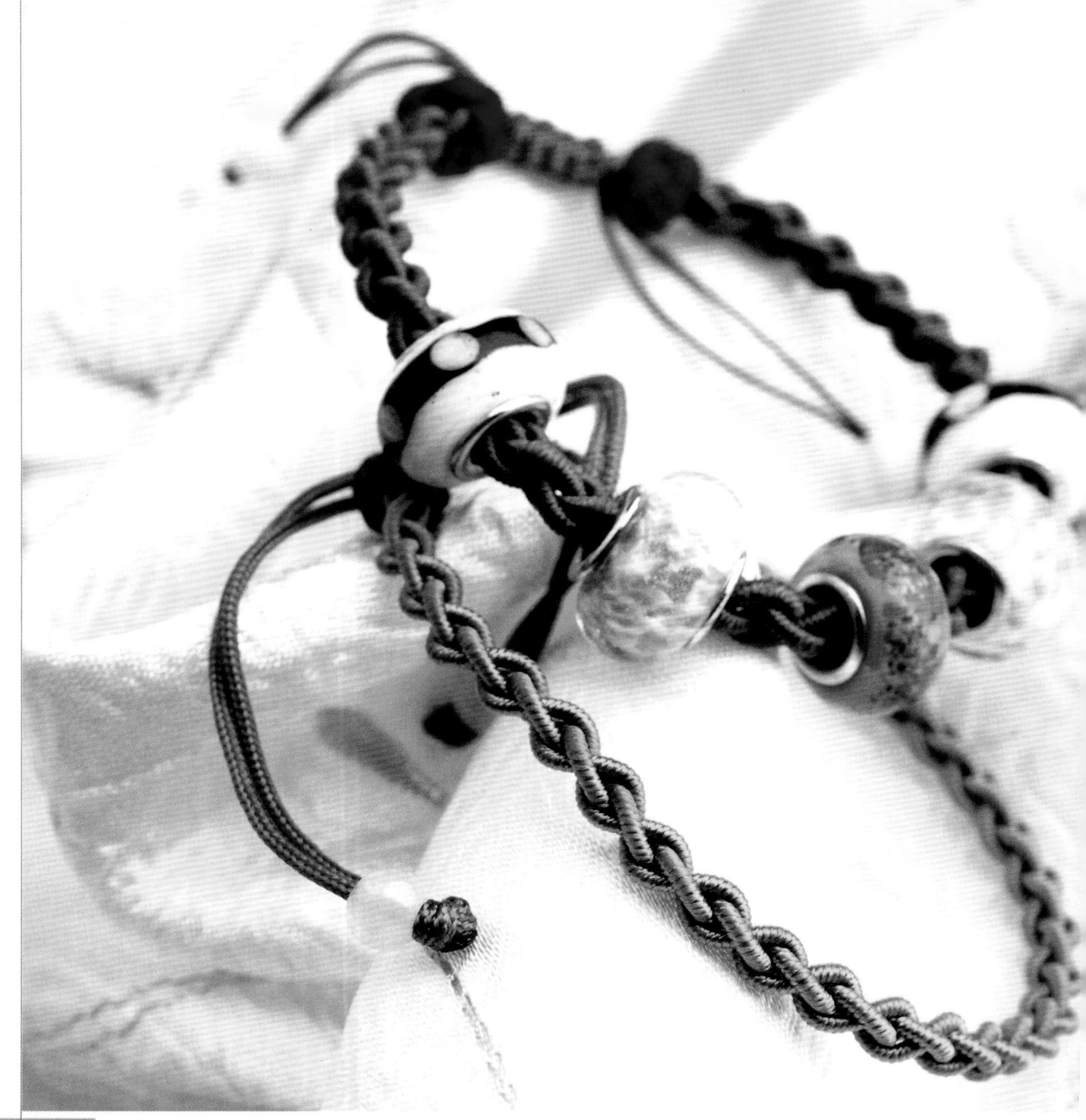

海豚

海豚通人性，聪明、善良且纯洁，它是汪洋大海之中的蓝色精灵，总喜欢跳跃出水面，留下一个个优美的弧度。喜欢海豚的女孩不妨动手编一款海豚手链来陪伴你。

岁月静好

这款手链由麦穗结编制而成，象征着成熟也意味收获，同时，“穗”与“岁”谐音，还有岁月静好的美好寓意。

朝花夕拾

十字结结体的正面呈方形，背面呈“十”字形，所以又被称为方结、四方结。这款手链是十字结的应用之作，最后以金属链扣衔接，可用来增加长度，同时又是一种装饰。

木珠

用咖啡色的绳子将鲜艳夺目的小颗粒木珠穿成手链，给人大方醒目的感觉。

女王

蜜蜡与琥珀同为一宗，而蜜蜡所演化的时间要大大久于琥珀，所谓千年琥珀万年蜜蜡，因此尤为珍贵。金色的绳线配以闪耀的皇冠，加上寓意恒久的蜜蜡，象征着女王一样的尊贵。

玉蝴蝶

简单别致的蝴蝶坠饰是这款项链的点睛之处，用来搭配高领毛衣，能为你的整体装扮加分不少呢！

欢乐

弥勒佛是民间普遍信奉的一尊佛。肚大过人，告诫世人要达观豁朗、淡泊名利、与人为善。这是一款寓意美好又深远的项链。

稻草人

头戴草帽，静默风里，无论黄昏还是黎明，总是仰望着天空，守望着一望无际的稻田。这款手机挂饰作品以一个稻草人的姿态出现，仿佛是手机的守护者。

红珊瑚

采用粉红色的细线编吉祥结，线面添加各种风格的珠子，亮丽的颜色让人眼前一亮。

化蝶

用绳线编成美丽的蝴蝶，仿佛翩翩起舞一般，在让人过目不忘的同时彰显了自己的文艺范。

雀跃

在这款手链中，三条平行的粗绳如波浪起伏着，将美丽无限延伸，款式独特，显得时尚大方。

巧克力

这款手链用多条细线编平结和雀头结，再添加相同色泽的珠子制作而成，以普普通通的素材打造出咖啡色的格调，体现出内敛、简洁的韵味。

红玫瑰

这款高雅别致、晶莹剔透的项链本身就是一件艺术品，血色的天然琥珀玫瑰闪烁着高贵神秘的色泽。深沉典雅的血红色在金色的掩映之下显得耀眼但不张扬，却能牢牢吸引他人的视线，适合在奢华的场合和特殊的情调中佩戴。

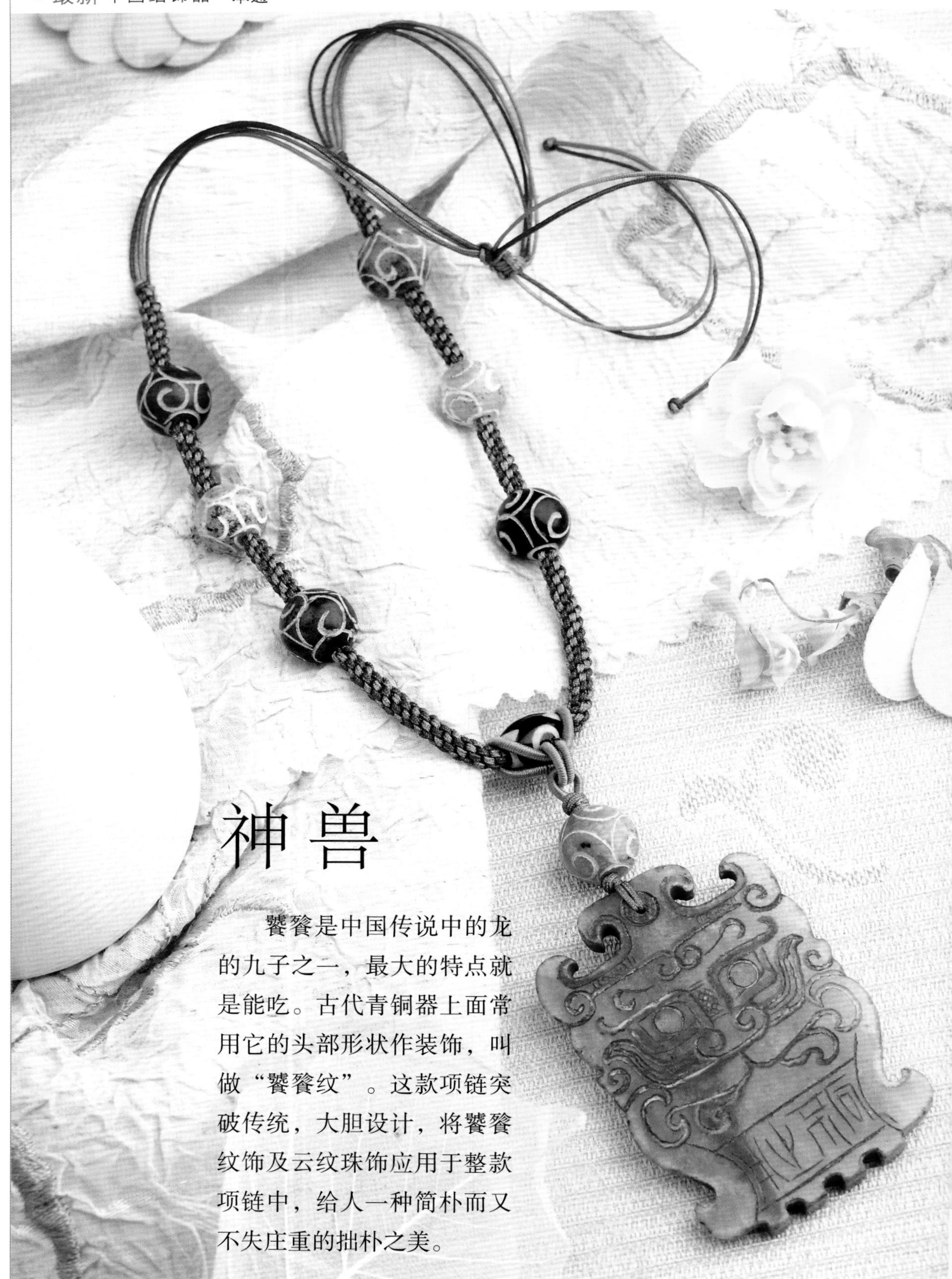

神兽

饕餮是中国传说中的龙的九子之一，最大的特点就是能吃。古代青铜器上面常用它的头部形状作装饰，叫做“饕餮纹”。这款项链突破传统，大胆设计，将饕餮纹饰及云纹珠饰应用于整款项链中，给人一种简朴而又不失庄重的拙朴之美。

福禄寿

玉佩上面有葫芦和蝙蝠的图案，葫芦是“福禄”的谐音，蝙蝠意为“福”，蝙蝠为兽，又指“寿”，因此这款项链寓意为福禄寿。

百年好合

这款项链由两股辫、双联结和菠萝结组成，细细的链绳突出了琥珀坠饰的美丽。

信心之石

虎眼石能够反射出如虎眼般璀璨光芒，人们相信它能激发勇气，给人带来信心。佩戴这样一款个性、时尚的虎眼石项链，能够增添一份朝气和活力。

圈圈

选用多种颜色的绳线编斜卷结，下坠挂各式漂亮珠子，一款别致而个性十足的手机挂件就做好啦！

期盼

这款挂饰是团锦结和酢浆草结的创意组合，交趾陶缀饰的加入令作品从单一的色彩中跳脱出来，给人丰富视觉的美感。

泉月

这款挂饰由回形盘长结和酢浆草结编成疏密有致的镂空结构，下垂飘逸的渐变色真丝流苏，适合挂在车内或手包上作装饰。

采用八个均匀细致的线圈接合而成，线圈是制作这款手链最耗时、耗力之处。线圈做起来并不难，但没有一定的定性和耐性，很难做出这么漂亮的效果。

福寿

圆形玉米结的编法单一，然而在四周缀饰玉石珠子，为这款手链平添了许多变化。有“寿”字吉祥图案浮雕的玉石，别致典雅，是这款手链夺目聚焦之处。

招财进宝

貔貅是传说中一种招财瑞兽，它喜欢金钱的味道，能为主人招来四面八方之财。民间相传玉石貔貅有招财、辟邪的功效，因此不妨用绳线为貔貅设计一款手链，随身佩戴祈求吉祥和好运连连。

如意

玉石的交接清新，如春风拂面，为你增添不少美好气质，绳结相扣，注入古典元素，不失为手腕上的一道风景。

玉观音

这款项链选用米色的绳线做成一条两股辫，配以同色泽的坠饰，简单利落的线条，素雅低调的颜色，给人以简洁大方之感。

灵猴献瑞

这款项链由双联结、八股辫和线圈编制而成，精致乖巧的生肖灵猴玉佩能够赢来众目的投射。

戏水

这是一款专为鸳鸯玉佩设计的项链，玉佩的正面雕有鱼、荷叶与一对戏水的鸳鸯，蕴含夫妻恩爱的吉祥寓意。项链步骤简单，即使是初学者也可以一学就会。

玉壶

作品中的玉壶本身像个“吉”字，瓶与“平”谐音，有平安吉祥之意。此款作品采用股线编结的方法来编绳，完成对玉壶等配饰的串联功能，可用来挂在手包上。

鸿福

这款挂饰是单翼磐结、双钱结与酢浆草结的完美组合，各式玉石成为不可或缺的点缀。

花香

选用红色和黄色的绳线编成展翅飞翔的蝴蝶形状，玉石莲花、菠萝结等的加入，为这款挂饰增色不少。

Part 4 中国结饰品制作

海洋之心

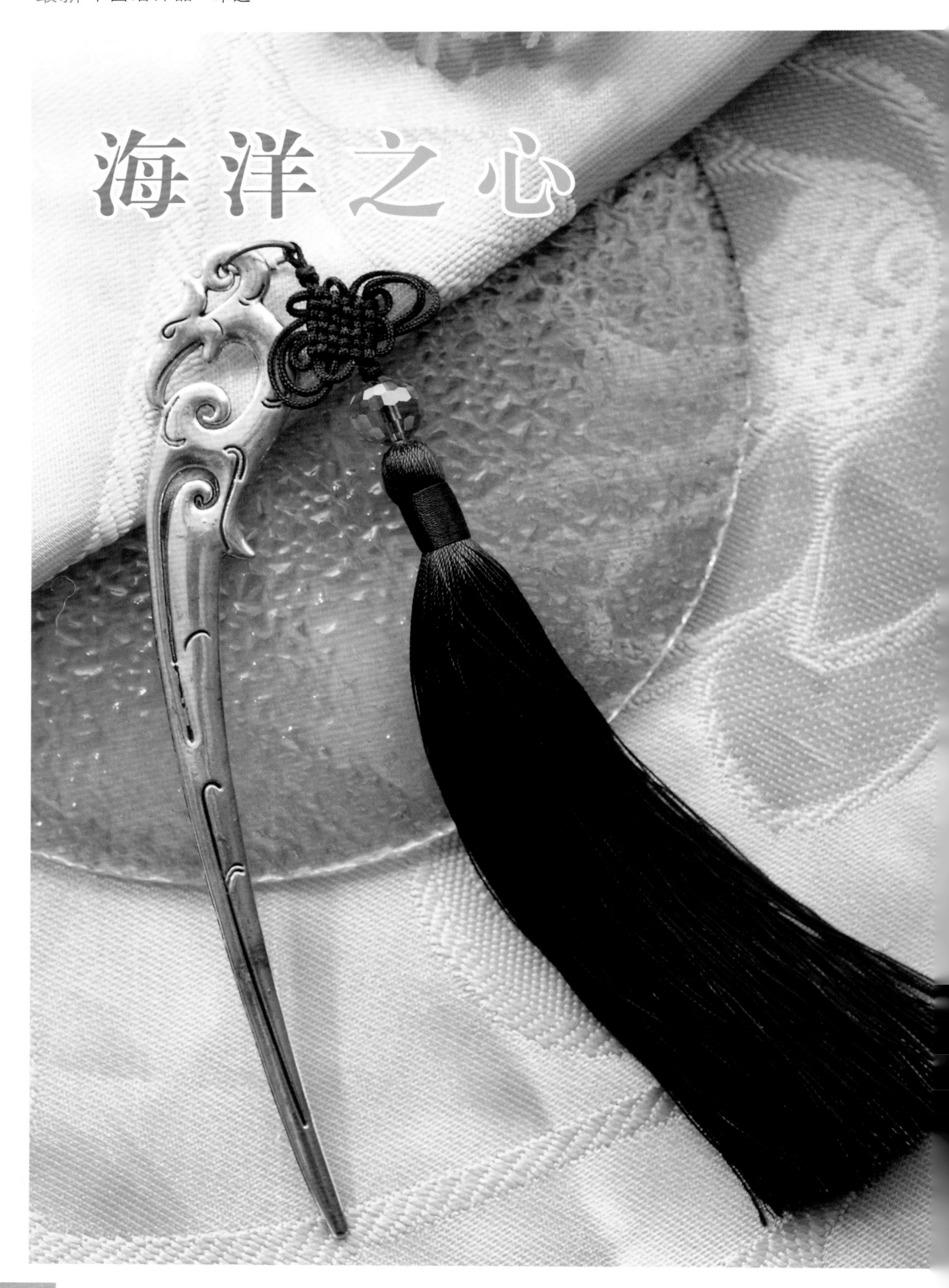

材料 cai liao

A玉线150cm1条，珠子，发簪，单圈，流苏

制作步骤

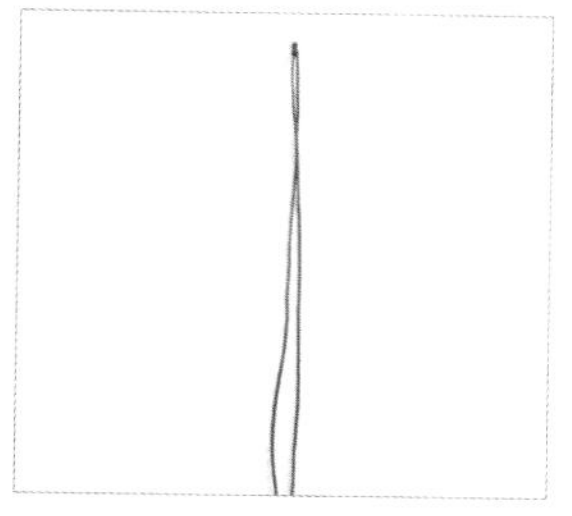

1.线对折，打一个双联结。

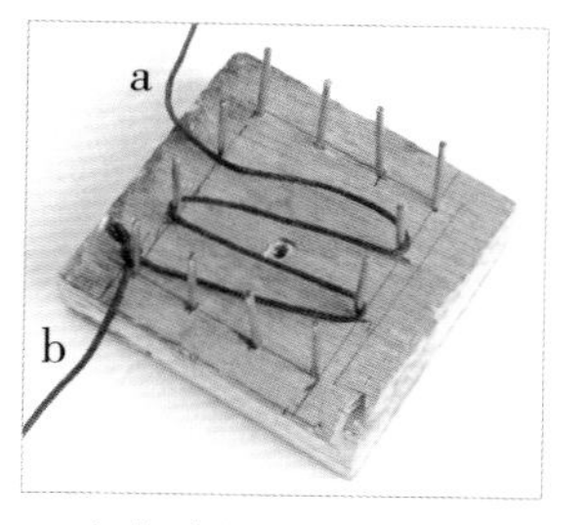

2.上钉板，a段如图所示绕出横线。

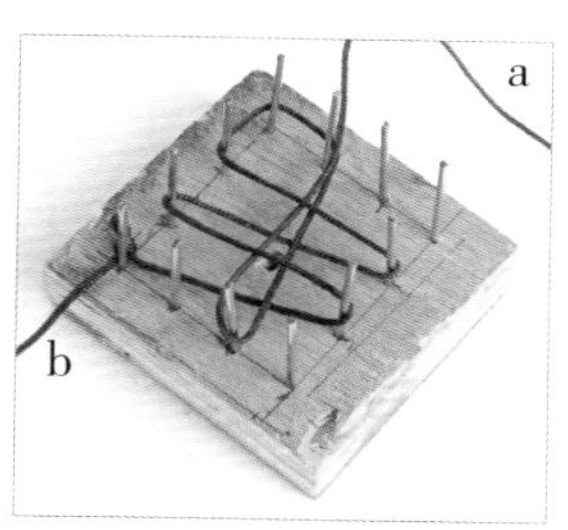

3.a段如图所示，绕出纵线。

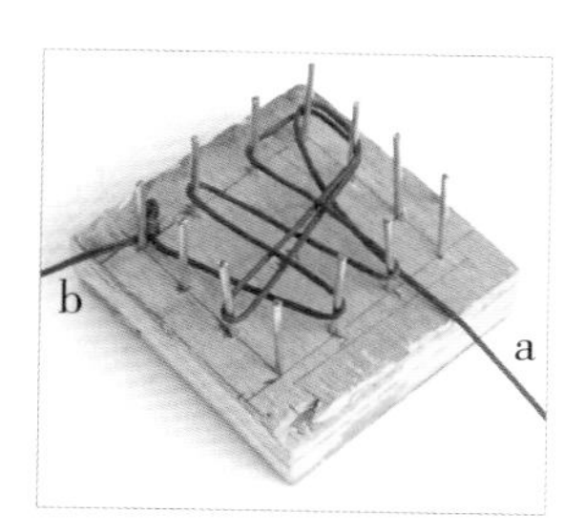

4.然后沿着钉板最右边绕出横线。

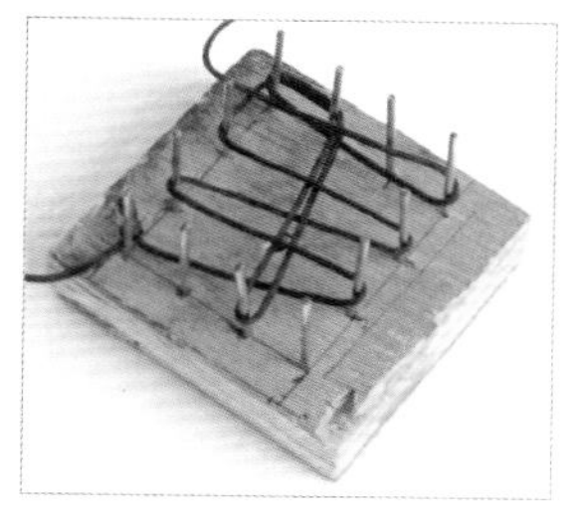

5.绕住顶部的钉子再原路返回。

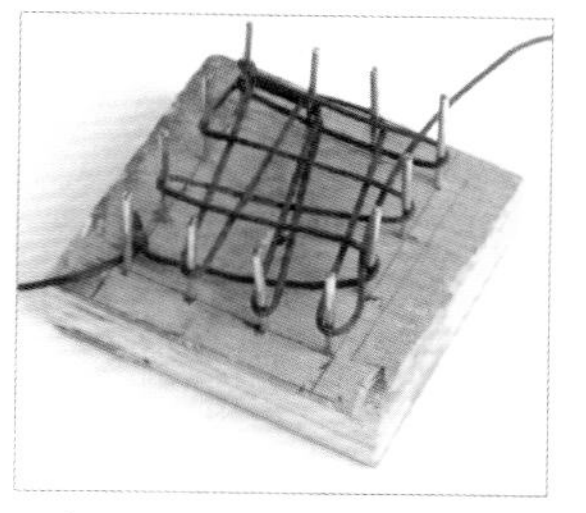

6.挑起第六条横线，如图绕出纵线。

7.b段从上至下绕过a段横线。

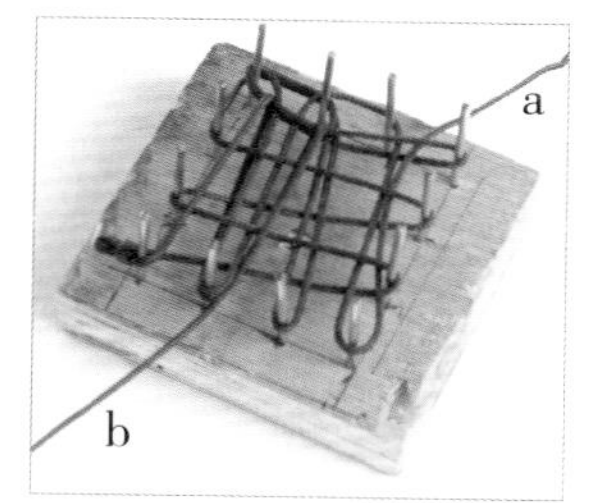

8.如图所示，b段继续绕纵线。

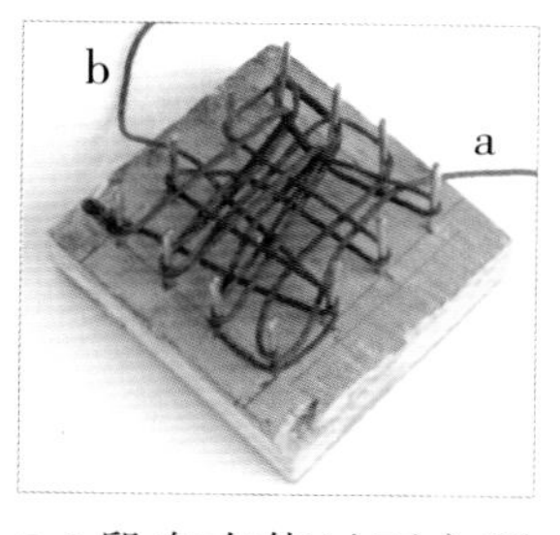

9.b段向右绕过下方顶角的三颗钉子，在中间挑起b段纵线，压着a段的线穿过去。

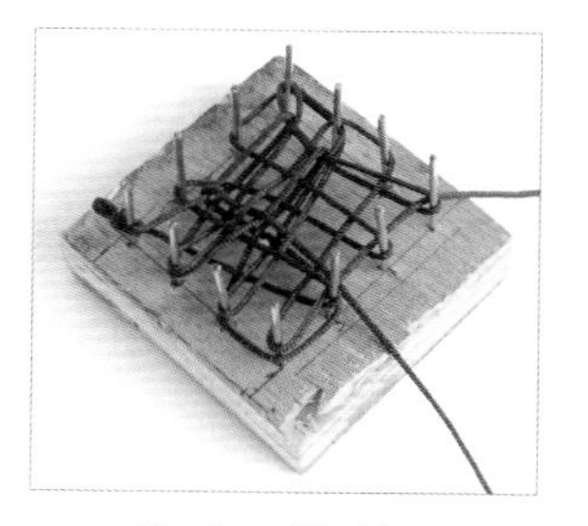

10.挑起a段第二、四、六条纵线，b段往回穿。

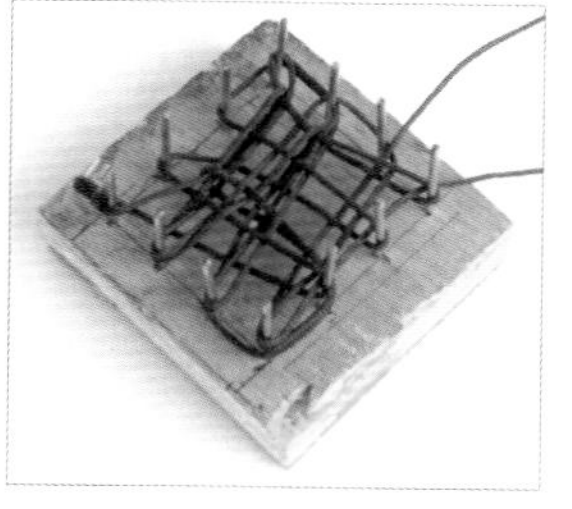

11.b段左绕两颗钉子，从线底下穿过，压着a段第五条纵线穿出，如图所示。

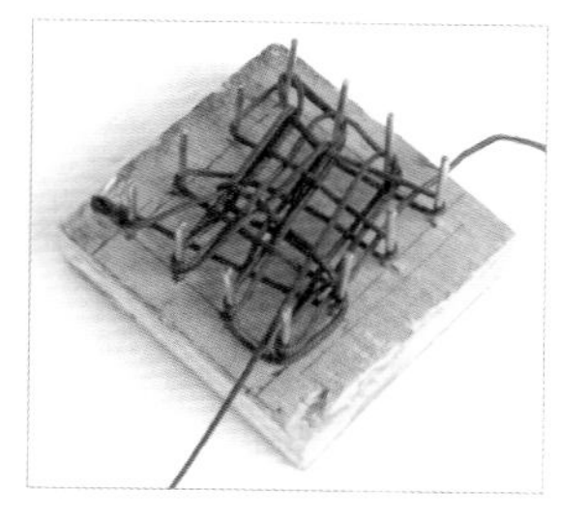

12.b段左绕一颗钉子，如图挑起中间一条横线回穿。

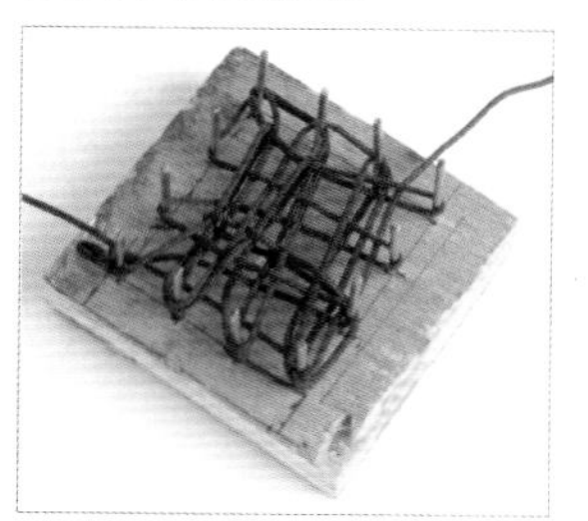

13.接着右绕钉子，挑起b段第二、四、六条纵线，把b段从中穿过去。

14.挑起b段第二、四、六条纵线，b段回穿，然后左绕两颗钉子，重复步骤13、14。

15.脱板，整理出复翼盘缠结，打一个双联结。

16.穿珠子，绑流苏，用单圈把结体和发簪穿在一起即成。

粉红女郎

材料 cai liao

绕线60cm2条，72号线1条，珠子，流苏，发簪

制作步骤

1.取粉色绕线对折，在中间打一个单线双钱结。

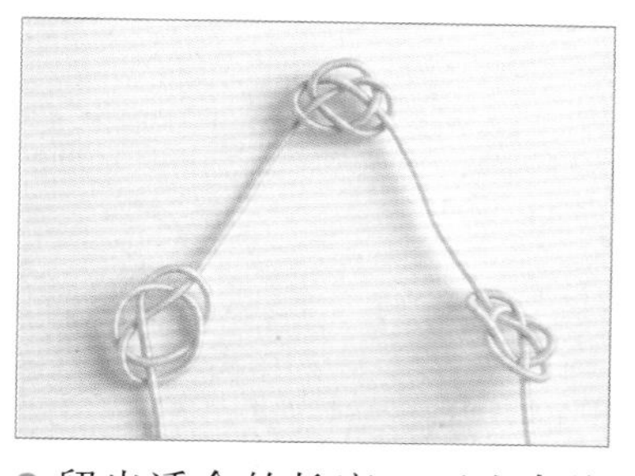

2.留出适合的长度，两边余线分别打一个双钱结。

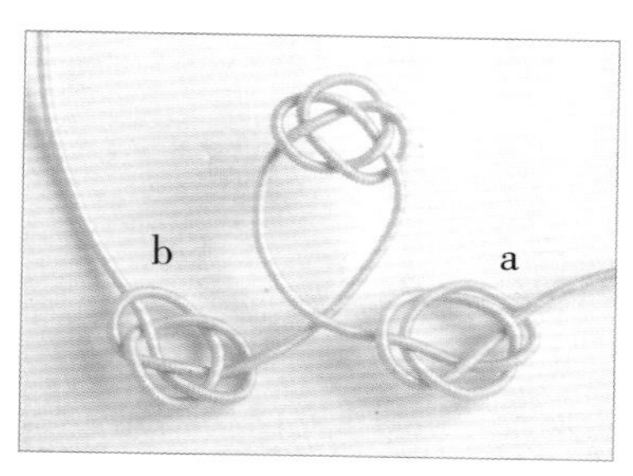

3.a段交叉压在b段上。

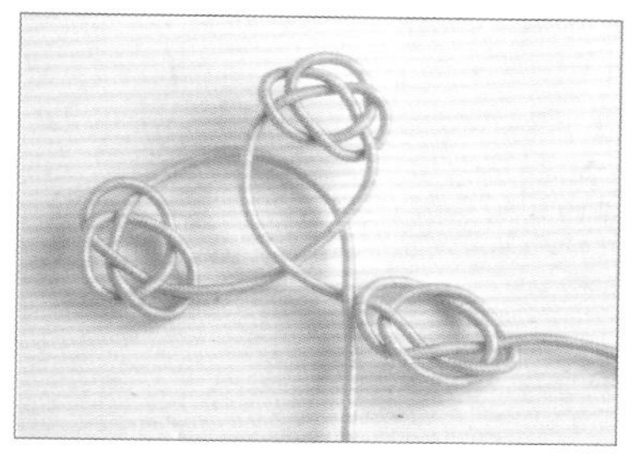

4.b段在第一个双钱结下穿过，压着a段。

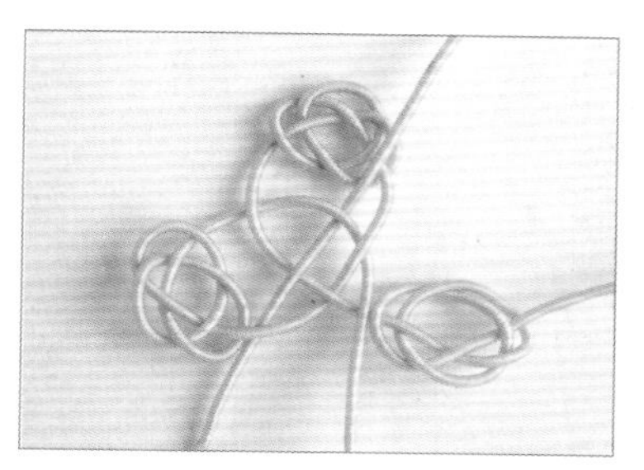

5.a段从上方挑起b段的线，从中穿过。

6.调整出双钱结的形状。

7.用金色绕线沿着结体走出形状。

8.两条绕线收紧，调整好结体。

9.粉线打一个双联结。

10.剪去金线，用火烫一下线尾。

11.加流苏，72号线穿过双钱结顶部，再穿入珠子。

12.股线另一头穿入发簪，留出适合的长度打死结，剪去多余线头即成。

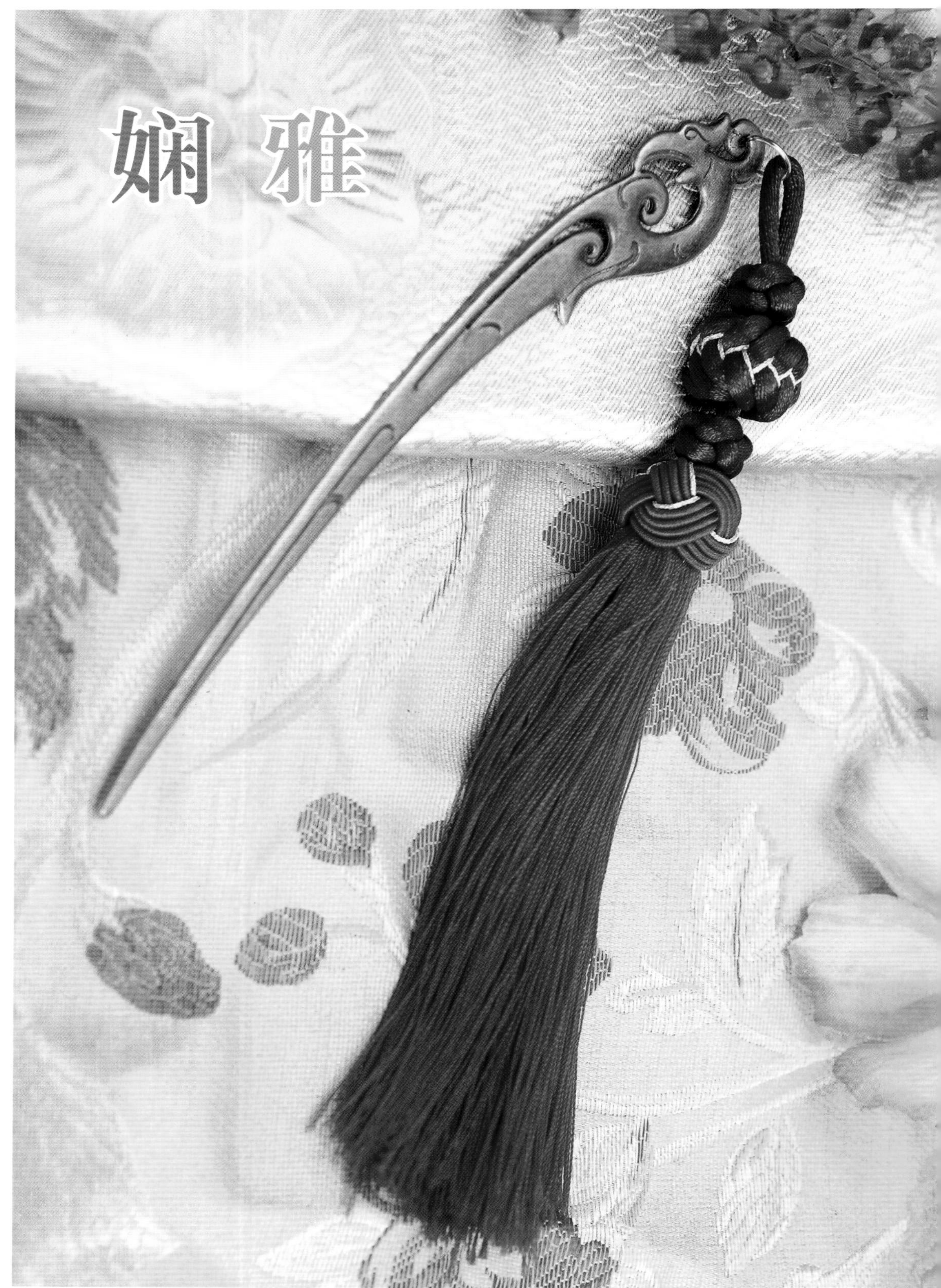

娴雅

材料 cai liao

4号韩国丝200cm1条，流苏1条，单圈，发簪，银线

制作步骤

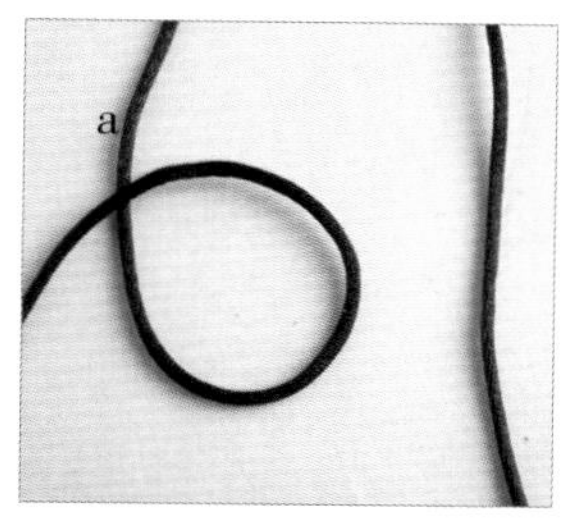

1.取4号韩国丝对折，a段按逆时针方向绕一个圈。

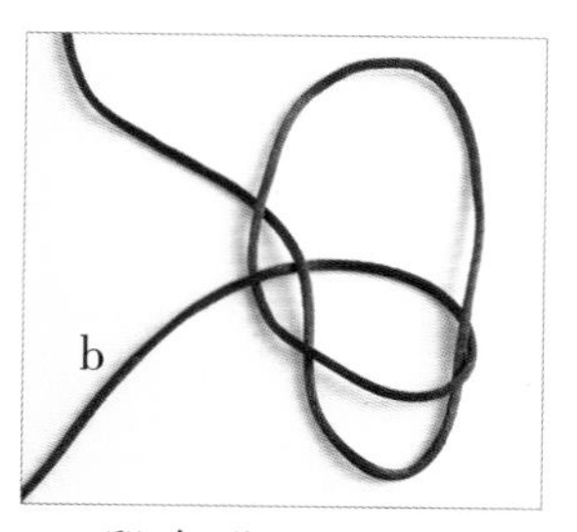

2.b段套进圈里，如图压、挑。

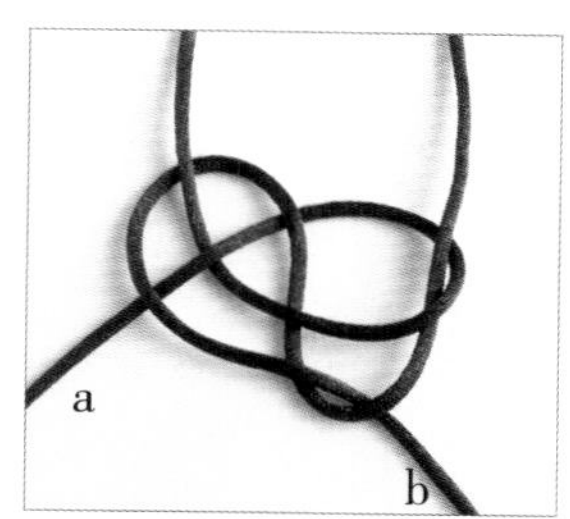

3.b段如图压、挑，向右穿出。

4.a段如图逆时针压、挑，再绕一个圈。

5.b段如图逆时针走线，从上往下穿过中间的洞。

6.拉紧两段线，留出挂耳，调整好结体。

7.重复五次步骤4、5的方法。

8.然后将线头从上往下穿入中间，如图所示。

9.拉紧线，调整好结体，完成一个十边纽扣结。

10.再编一个纽扣结。

11.加一条流苏。

12.用套色针穿一条银线，穿过十边纽扣结的结体。

13.走出如图曲线。

14.流苏上的菠萝帽同法走银线。

15.用单圈将发簪和挂耳连接起来，完成。

吉利

材料 cai liao

A玉线120cm20条，景泰蓝，菱形配件，珠子

制作步骤

1.将线拿成一束对齐，然后在一头绑一个节，分两组，左边11条，右边9条。

2.取左边最内侧的一条线为主线，左侧相邻的线绕主线打两个斜卷结。

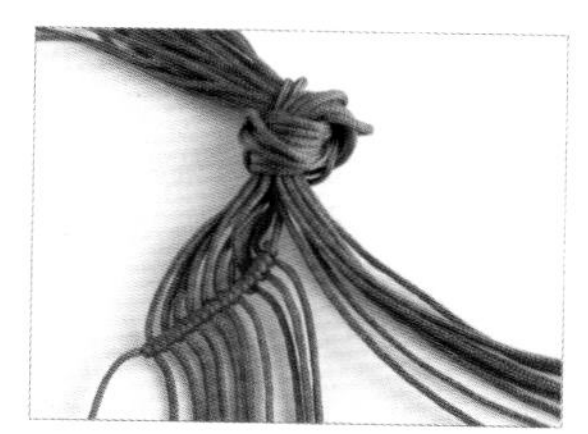
3.然后左侧的线分别在主线上打两个斜卷结，如图所示。

4.继续以左边最内侧的第一条线为主线，右边内侧第一条线绕主线打两个斜卷结。

5.右侧的线逐一打好两个斜卷结。

6.左右两边除了最外侧的两条线外，其余线分别重复步骤2～5。

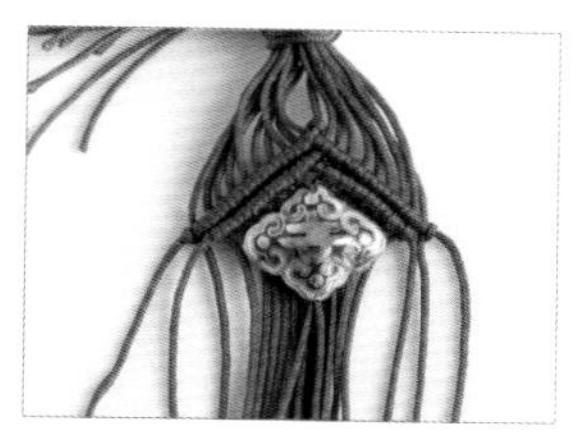
7.取中间两条线穿过菱形配件。

8.以左边第二行斜卷结的主线为主线，打一行斜卷结，右边的线同样步骤。

9.与步骤8同理，以第一行斜卷结的主线为主线，打斜卷结，右边同样步骤。

10.两边以外侧线为主线打斜卷结，然后中间两线相互穿过景泰蓝。

11.左边10条线分两组，左侧6条，右侧4条，重复步骤2～7打斜卷结和穿景泰蓝。

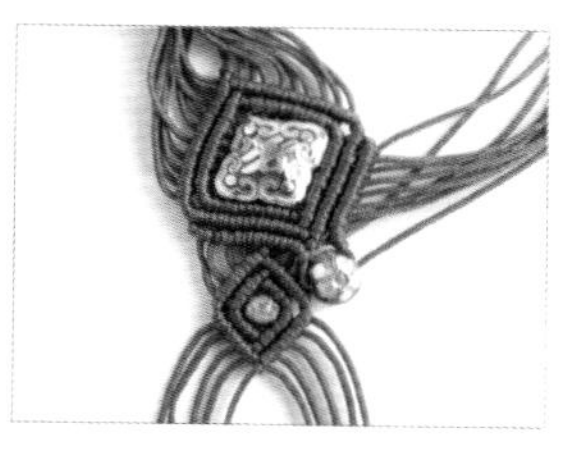
12.与步骤8、9同理，继续打斜卷结。

13.剩下的余线同样编斜卷结。

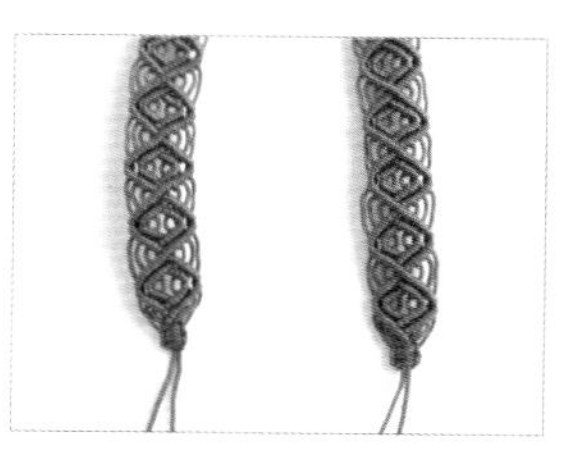
14.右侧的线同样步骤，编至适合的长度，用外侧的线打三个双向平结，剪去余线。

15.原先束起的线头解开穿上珠子。

16.穿尾珠，两头交叠，用余线打四个平结，剪去多余的线，用火烫线头即成。

紫 花

材料 cai liao

A玉线120cm4条、50cm1条、30cm1条，软陶花1朵，珠子

制作步骤

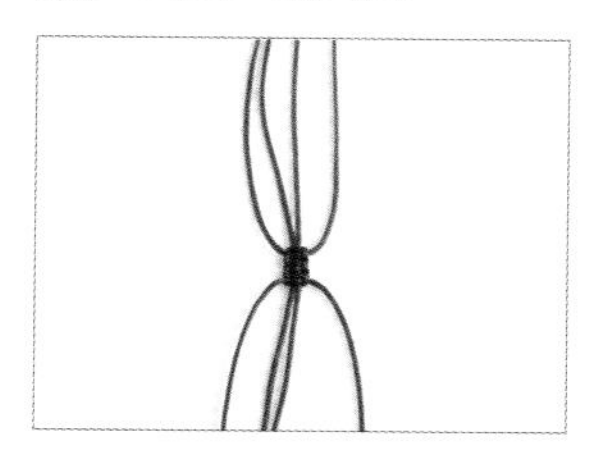

1.取四条120cmA玉线，其中的两条线以另外两条线为中心线编三个双向平结。

2.用中心线同穿入软陶花。

3.编三个双向平结，中心线同串入一颗珠子后继续编两个双向平结。

4.如图继续串珠子，编双向平结。

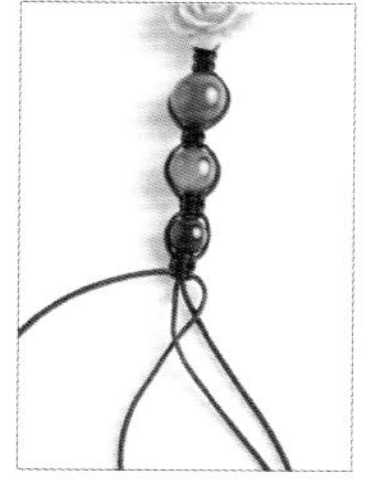

5.右线与左中心线如图在中间做一个交叉，由此开始编四股辫。

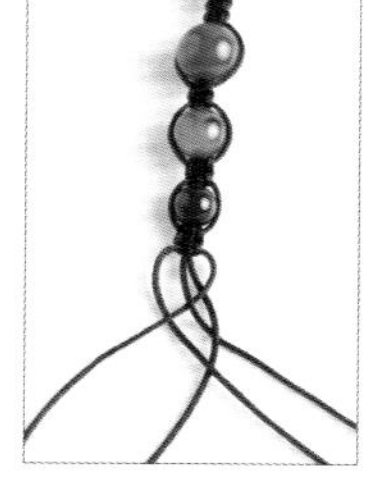

6.左线与右中心线如图做一个交叉。

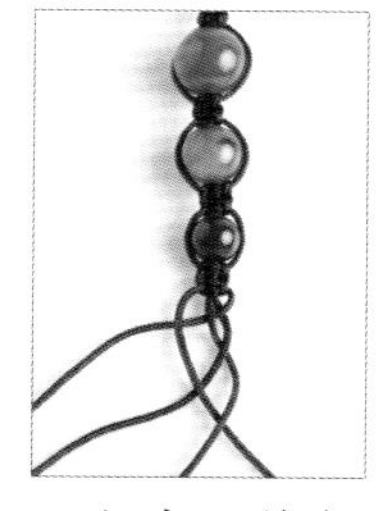

7.左中心线如图压左线。

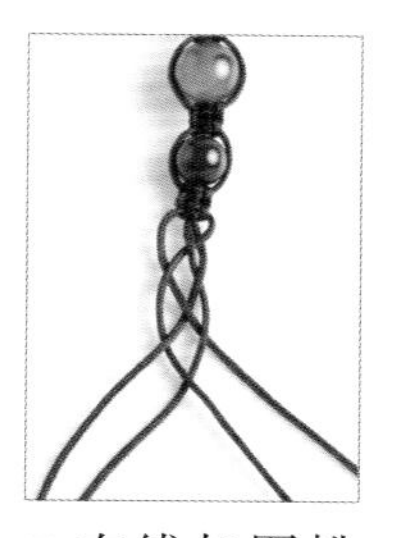

8.右线如图挑右中心线，压左中心线。

9.仿照步骤6～9的方法重复编结至合适长度，再编两个蛇结。

10.软陶花的另一端同法穿珠子，编结；两端各留两条线，余者剪掉。

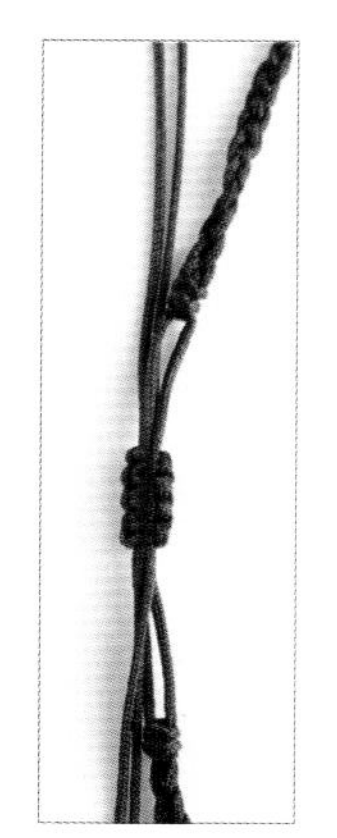

11.加一条30cmA玉线编四个双向平结，剪线。

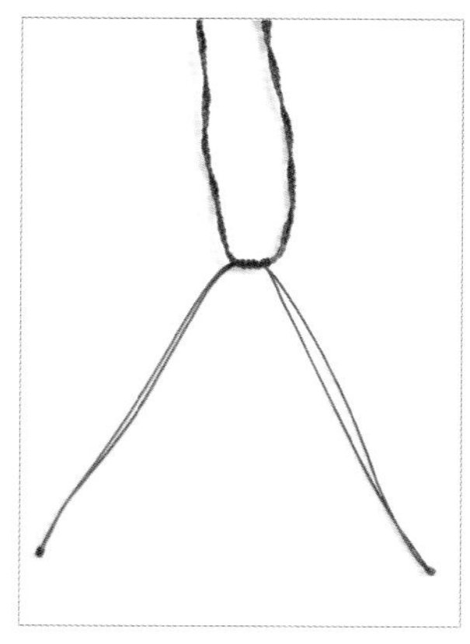

12.两端的余线各留合适的长度后合在一起打一个死结收尾。

13.在软陶花后面的中心线上加一条50cmA玉线后编两个蛇结。

14.两段余线依次穿入珠子，编死结收尾。

15.完成。

心锁

材料 cai liao

A玉线180cm20条、30cm1条，珠子2颗

制作步骤

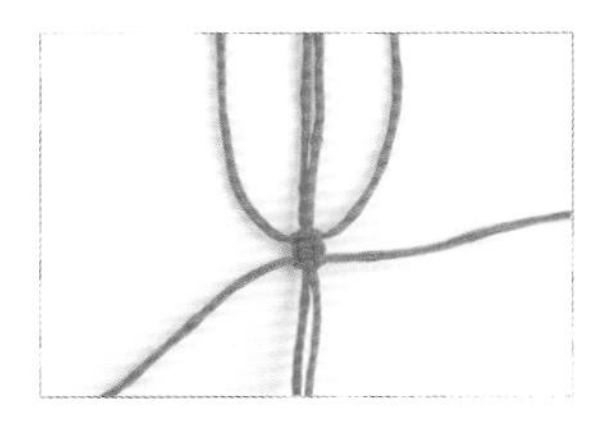

1.先取4条A玉线，在中部编两个双向平结。

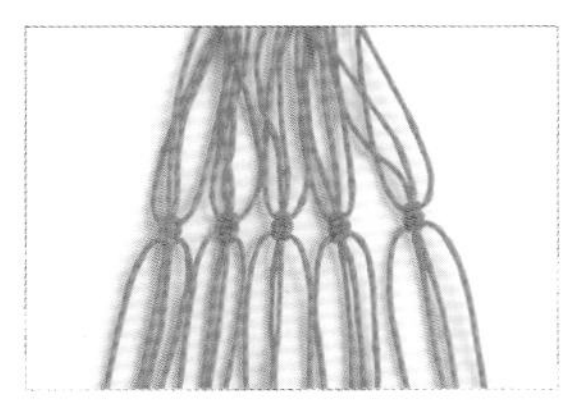

2.剩下的16条A玉线，以4条为一组，每组如步骤1编两个平结后如图摆好。

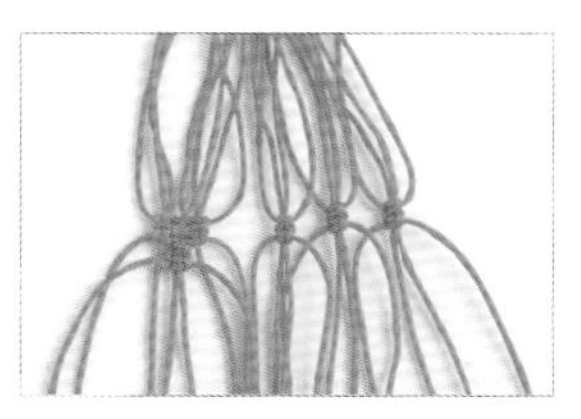

3.左边的两组，各取相邻的两条线编两个双向平结。

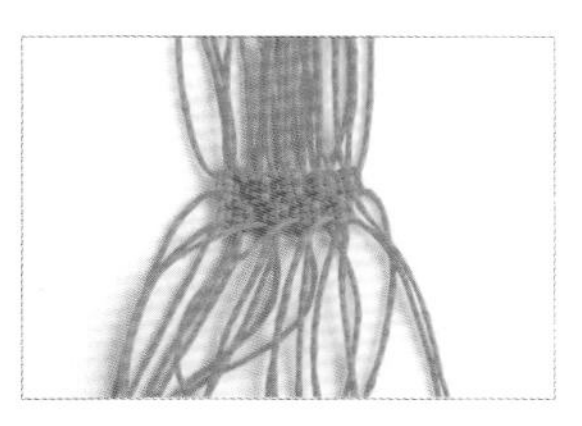

4.依次向右以4条为一组，再编三组平结，最右留出两条。

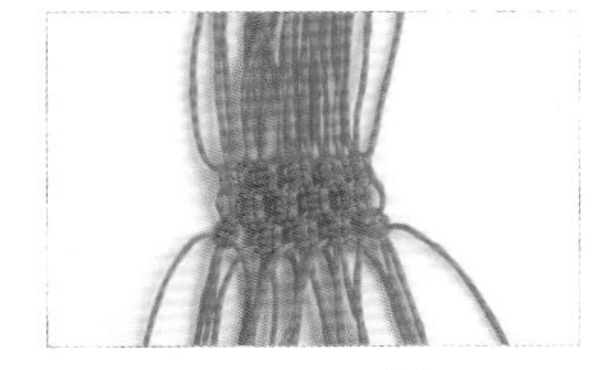

5.从最左边开始，以4条为一组，共五组，每组编两个双向平结。

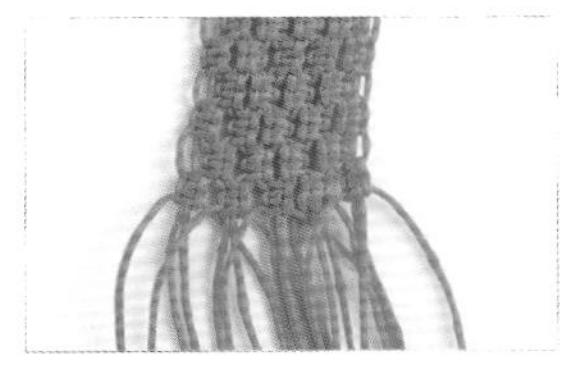

6.重复步骤3～5的方法六次。

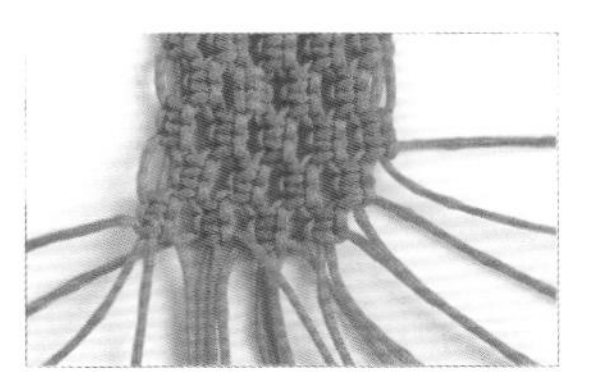

7.接下来开始做减线编结，剔除右边第一、二条线，以四条为一组编四组双向平结；右边再留出两条线，并从右到左编四组双向平结。

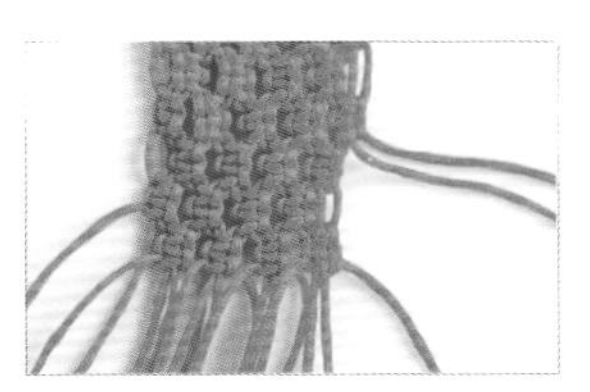

8.左边留出两条线，然后从左到右编四组双向平结。

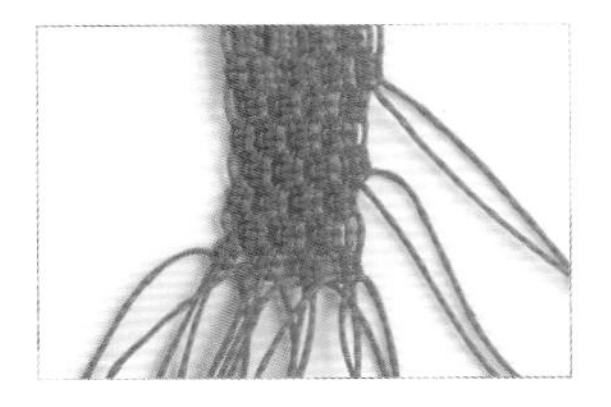

9.剔除右边第三、四条线，编四组双向平结；右边留两条，编三组双向平结；再编四组双向平结。

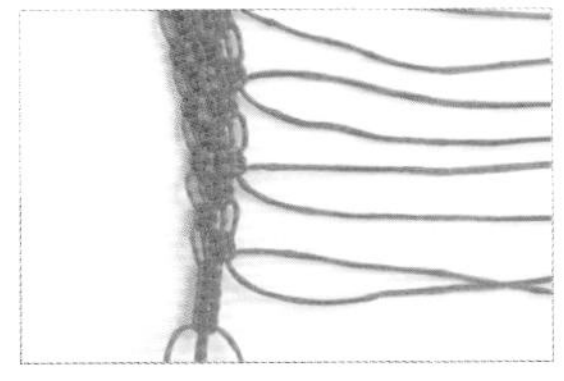

10.如图依次剔除右边的线，编双向平结，最后剩下的4条线编五个双向平结。

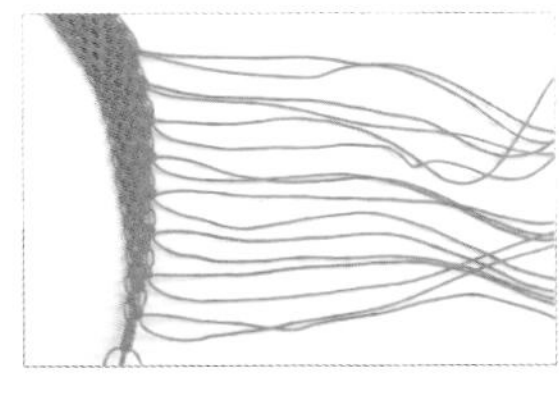

11.编出如图由粗到细的平结。

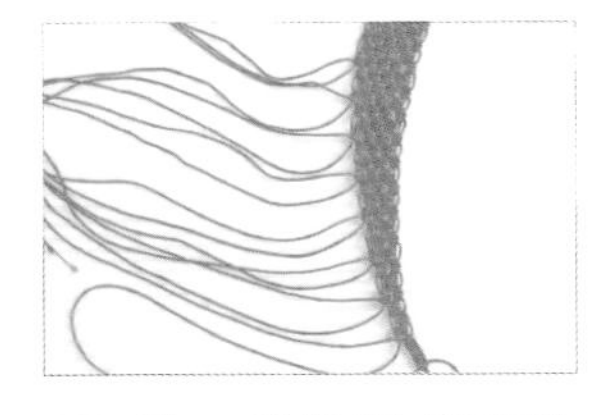

12.另一端仿照前面的步骤编结，注意剔除的是左边的线。

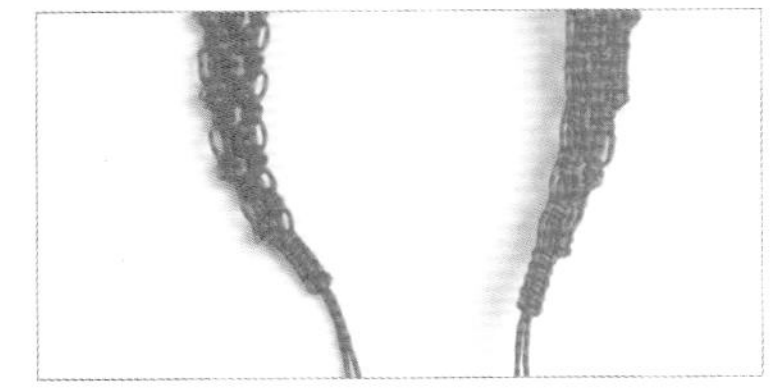

13.留出最末端的两条中心线，余者剪线，并处理好线尾。

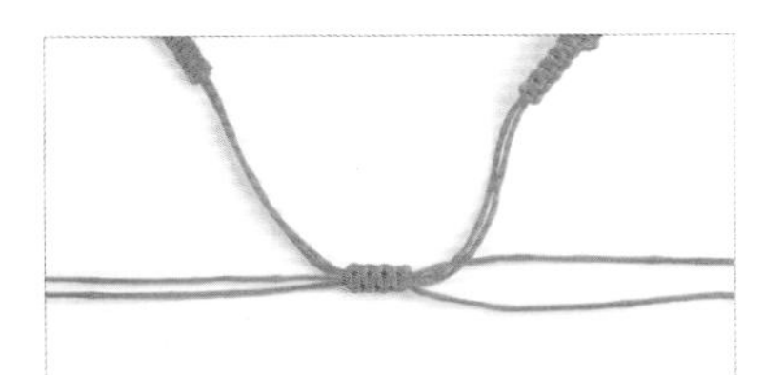

14.取30cmA玉线包着两端的余线编四个双向平结，剪掉玉线。

15.两端余线各留合适长度后穿入一颗珠子，编一个死结后剪线，完成。

石榴

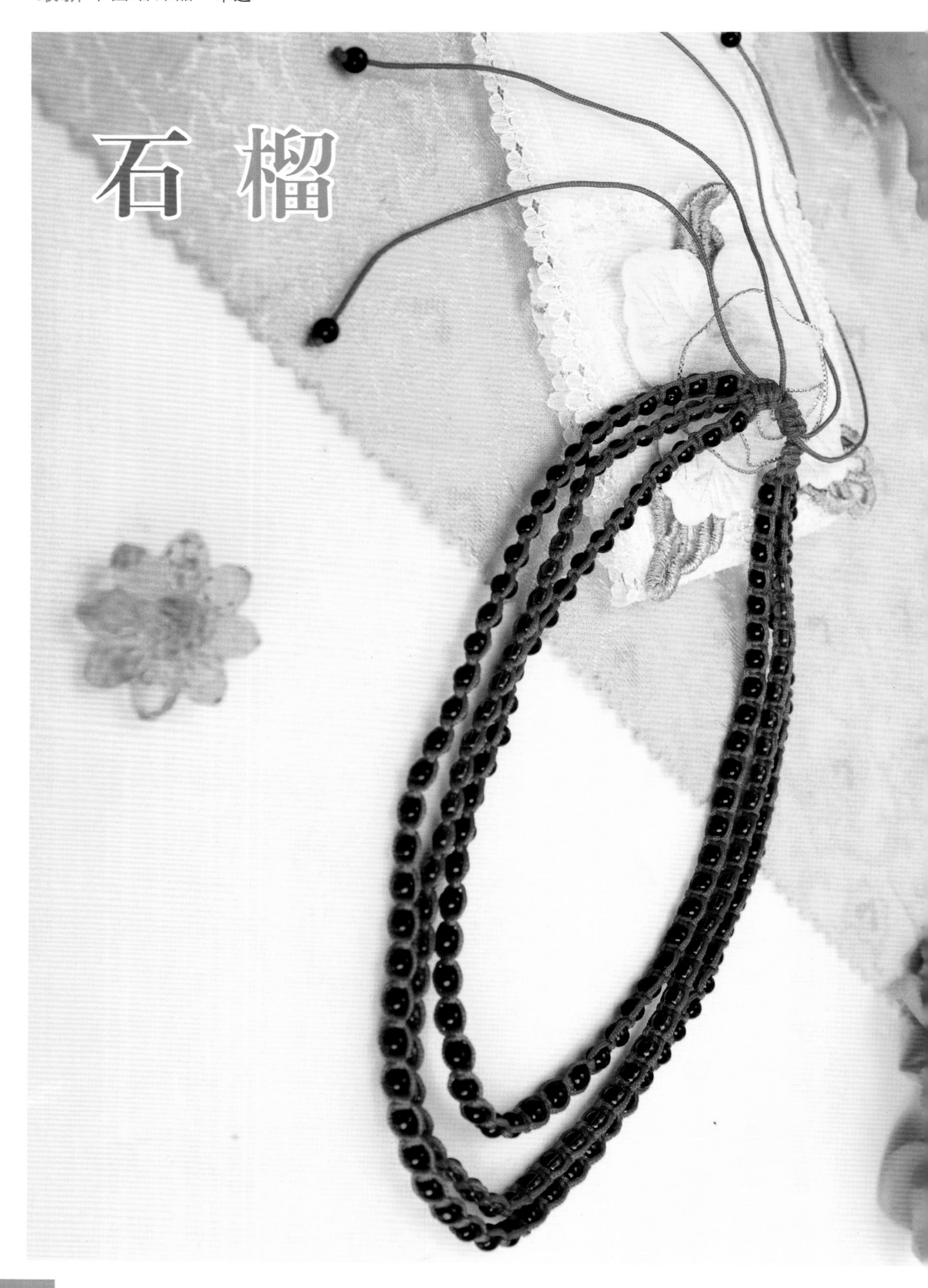

材料 cai liao

A玉线150cm9条，黑曜石、紫水晶散珠

制作步骤

1.取三条A玉线对齐，以其中一条为中线，其余两条打一个双向平结。

2.中线穿一颗紫水晶，再打一个平结。

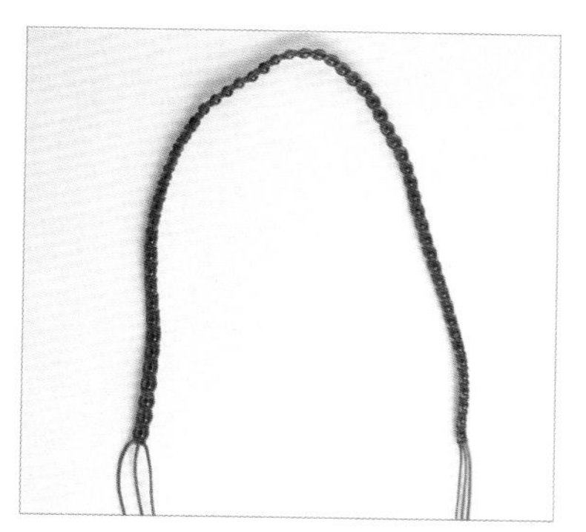

3.重复步骤1、2的方法，用紫水晶穿出适合的长度。

4.重复步骤1～3，用同样的方法穿好两条黑曜石链子，注意三条链子的长短是不同的。

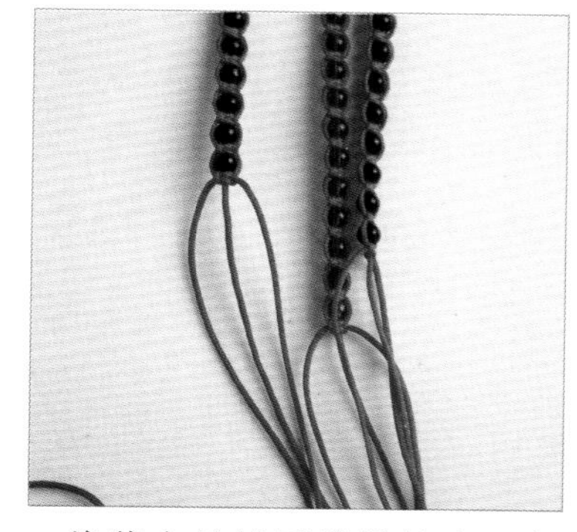

5.将紫水晶链子并排放在两条黑曜石链子中间。

6.用黑曜石链子最外侧的两条线，绕着中间的线打两个平结。

7.另一端重复同样步骤，留出中间两条线，余线剪掉，用火烫好，如图所示。

8.两线交叠，用余线包起来打四个双向平结。

9.用黑曜石穿尾珠，打死结即成。

欢喜

材料 cai liao

A玉线200cm4条、30cm1条，紫水晶珠子

制作步骤

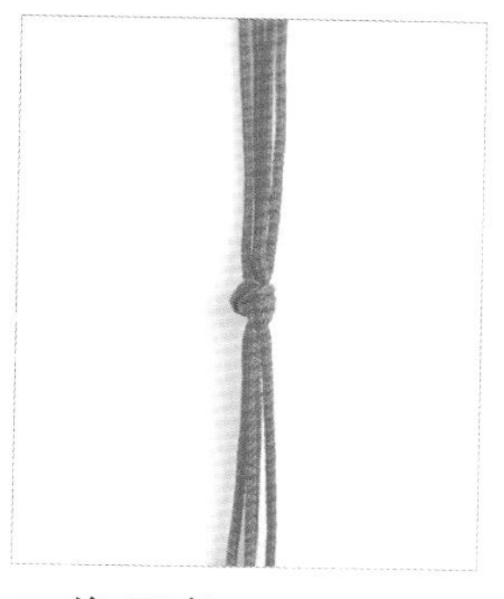

1.将四条200cmA玉线比齐，在中间向上10cm的位置编一个双线双联结。

2.四条线分别穿入数量相同的紫水晶圆珠，完成四条珠子链。

3.用四条珠子链编两个四股辫，再用玉线编一个双线双联结。

4.将玉线呈十字交叉置于食指与中指间，开始编玉米结。

5.四条玉线按逆时针方向相互挑、压。

6.拉紧四个方向的线。

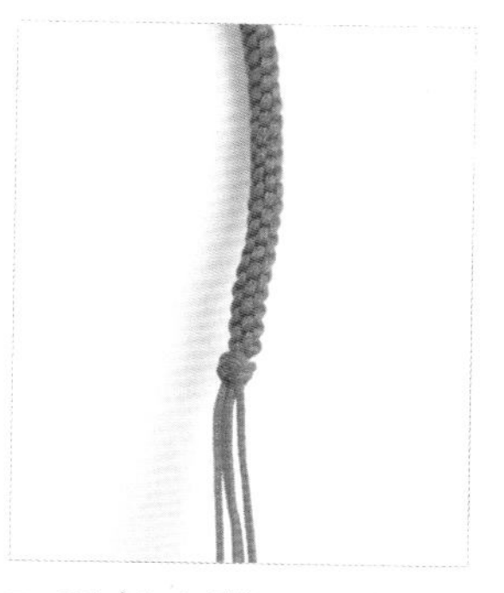

7.重复步骤4～6的方法，编玉米结至合适长度后再编一个双线双联结。

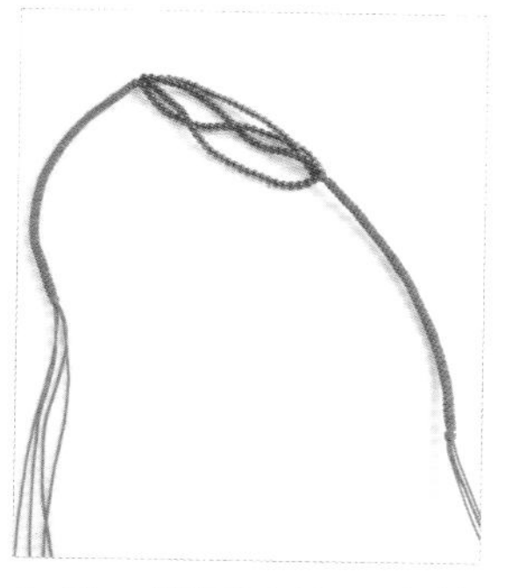

8.另一端同法编玉米结和双线双联结。

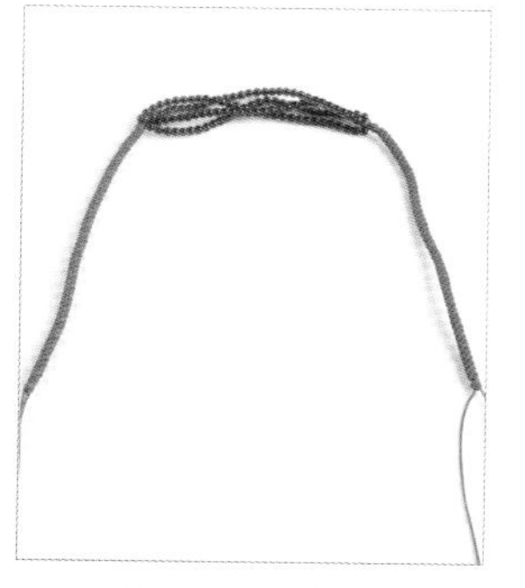

9.两端各留两条线，余线剪掉。

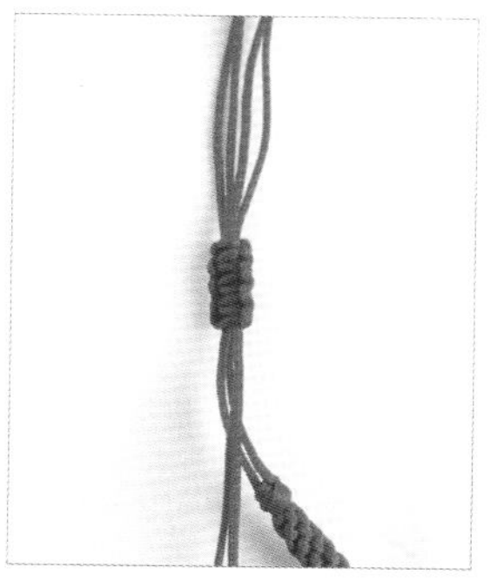

10.将两端的线交叉摆放，另取一条30cmA玉线编四个双向平结，剪线。

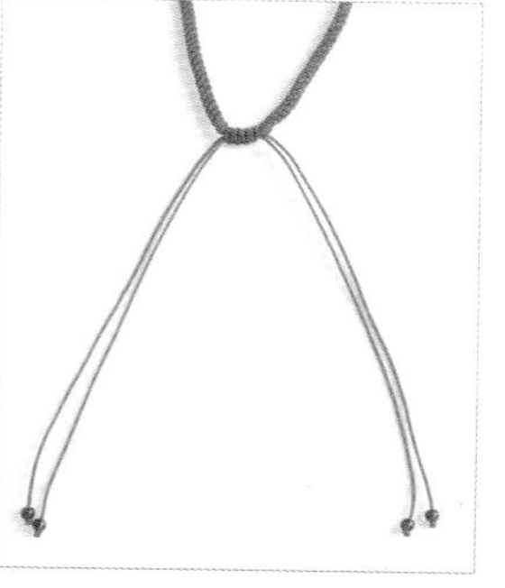

11.两端余线分别穿入一颗珠子，编死结收尾。

12.完成。

玉珠子

材料 cai liao

A玉线180cm8条、30cm1条，72号线30cm2条、20cm2条，股线150cm，玉环2个，菠萝扣3个，球状珠子1个，珠子

制作步骤

1.将八条长玉线比齐，在60cm处编一个双联结。

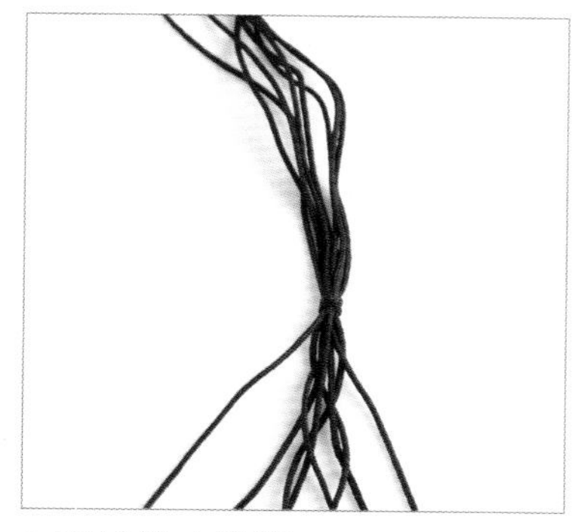

2.开始编八股辫。

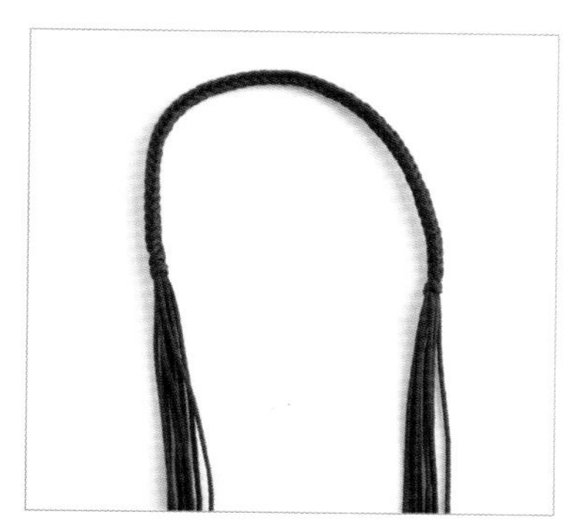

3.编至15cm时，打一个双联结。

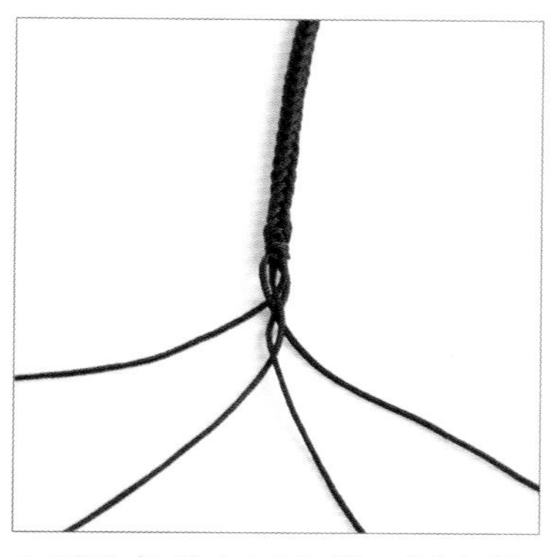

4.两边各剪去四条线，用火烫线头固定，剩下的线开始编四股辫。

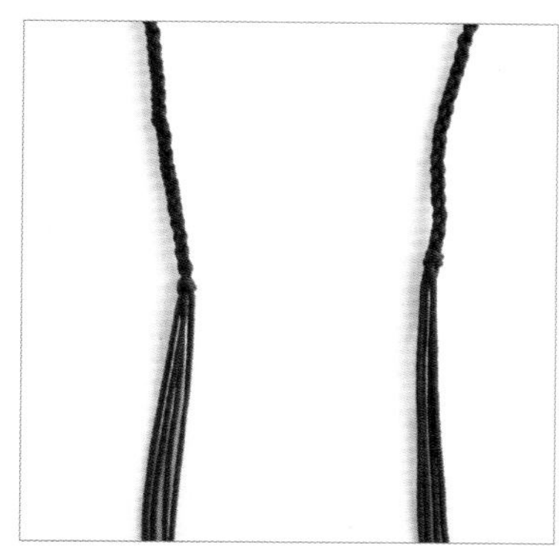

5.编至适合的长度打双联结。

6.用股线在八股辫中间位置绕7cm，再如图穿入玉环和菠萝扣。

7.用短的72号线穿黑珠子，和菠萝扣一起穿入玉线，如图所示。

8.用两条30cm的72号线如图穿珠，红色珠子和球状珠子下各打双联结固定。

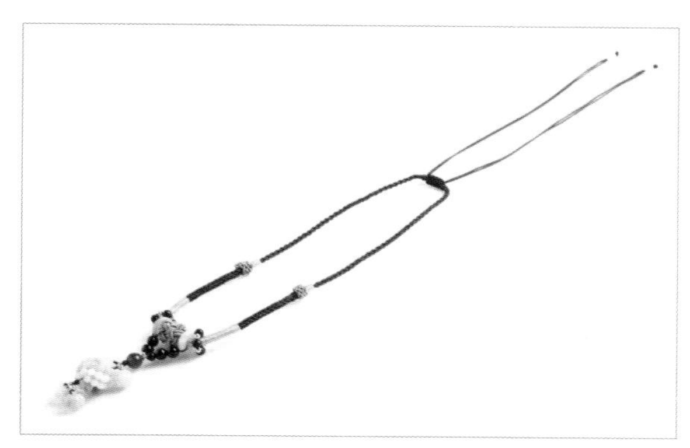

9.去掉余线，两边玉线交叠，打四个双向平结包绕，穿尾珠即成。

圣洁

材料 cai liao

A玉线150cm4条、30cm1条，三股线100cm8条，塑料圆环4个，珠花1个，珠子

制作步骤

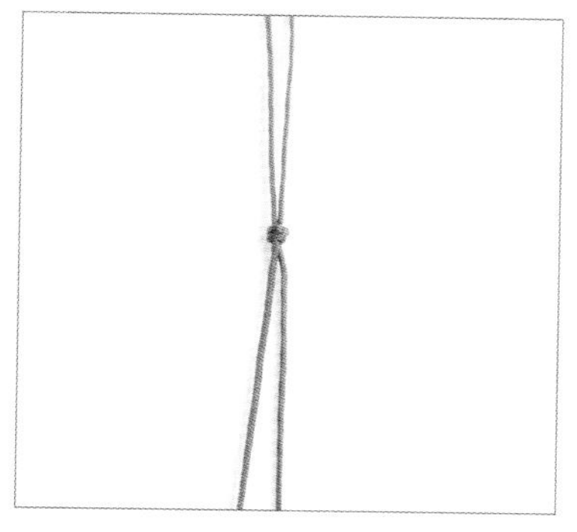

1.取两条长玉线比齐，在中段打一个双联结。

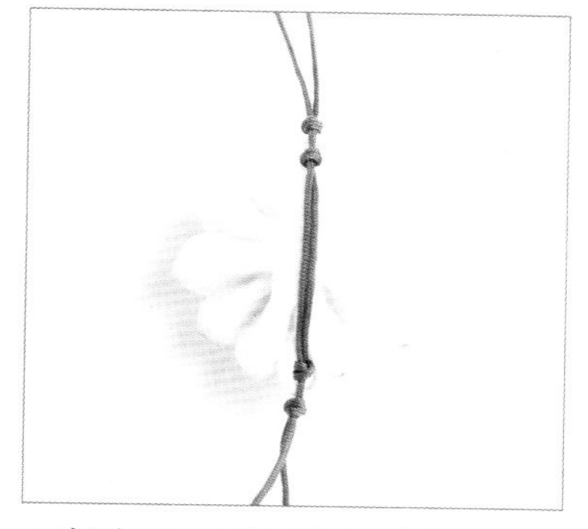

2.穿珠花，用双联结固定。

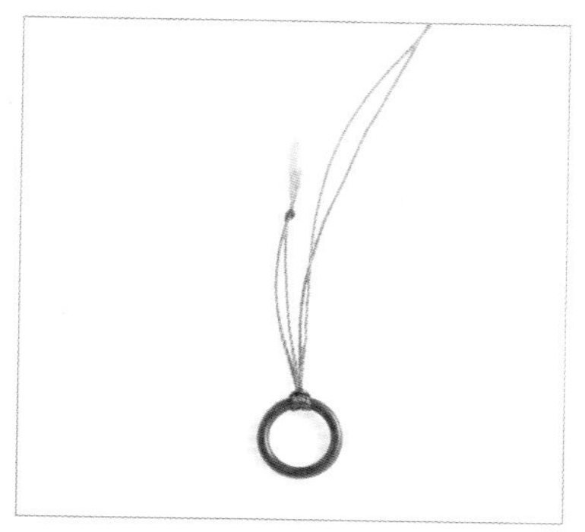

3.用两条三股线绕着塑料圆环打雀头结。

4.把剩下的塑料圆环都用三股线编雀头结包起来。

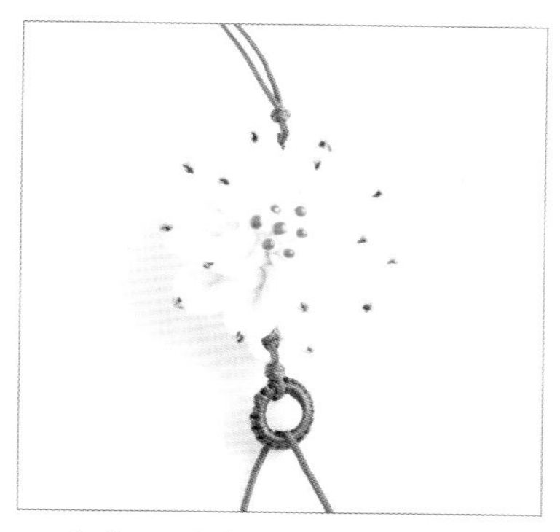

5.珠花一边的玉线穿圆环，再穿珠子，珠子固定在圆环中间，如图所示。

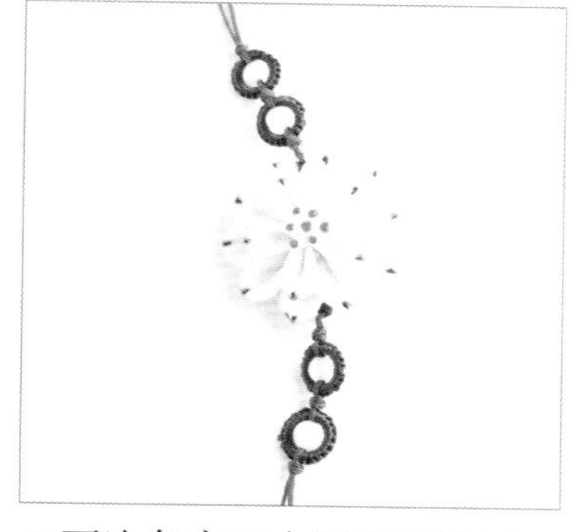

6.两边各穿两个圆环和珠子，用双联结间隔开来。

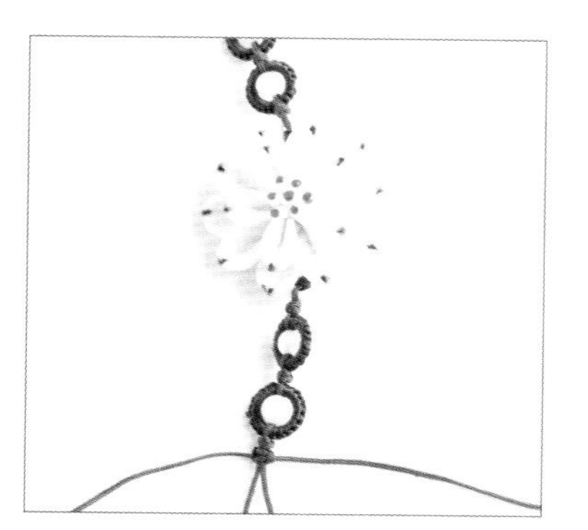

7.取一条玉线，对折后在一边开始打双向平结。

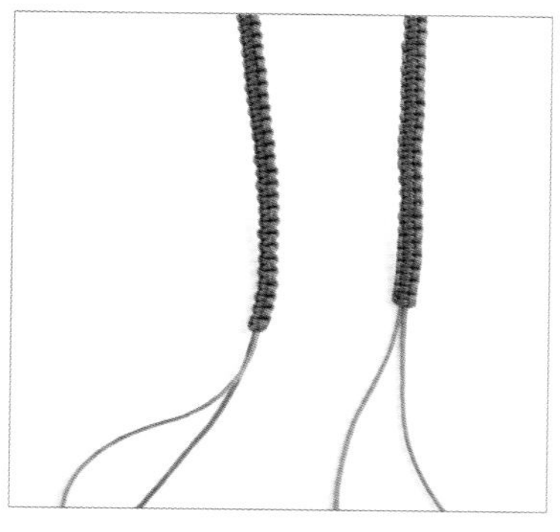

8.另一边同样步骤，编平结到适合的长度，剪去余线，用火烫一下线头固定。

9.两边相叠，用余线包起打四个平结，穿尾珠，剪掉余线即成。

长 青

材料 cai liao

A玉线200cm4条、100cm2条，琉璃挂饰1枚

制作步骤

1.如图，准备一条浅绿色的线和一条深绿色的线，用这两条线合穿一个琉璃吊坠。

2.加两条线进来，用这两条线分别编一个单结。

3.将单结的结口扭到后面，由此开始做双绳左上扭编。

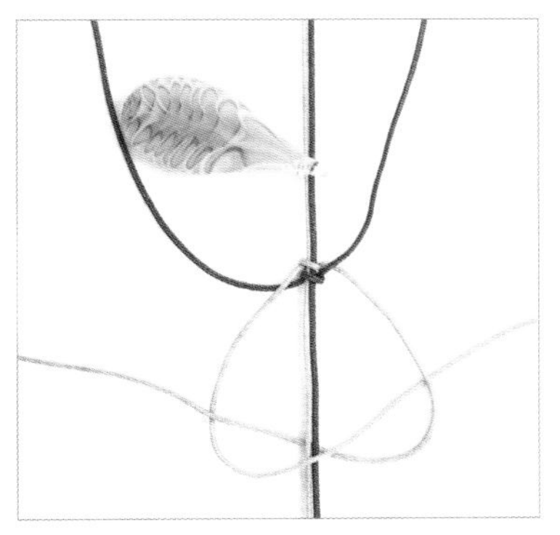

4.深绿色的线避向上方，然后用浅绿色的线编左上平结。

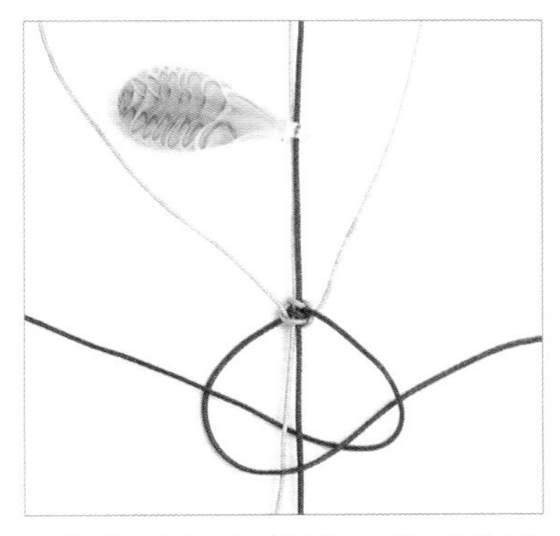

5.拉紧浅绿色的线，然后将浅绿色的线避向上方，用深绿色的线编左上平结。

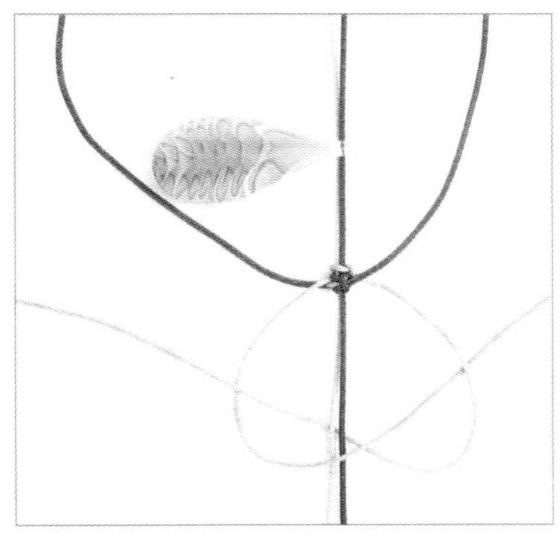

6.拉紧深绿色的线，避向上方，用浅绿色的线编左上平结。

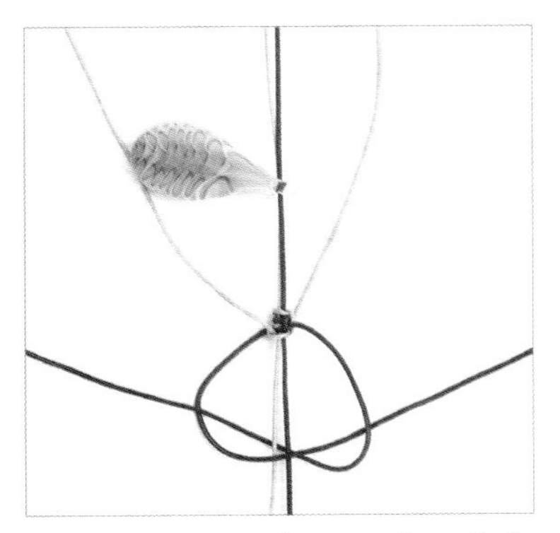

7.重复步骤5的方法，编一个左上平结。

8.重复步骤4~7的方法，结体自然形成双绳左上扭编的螺旋状。

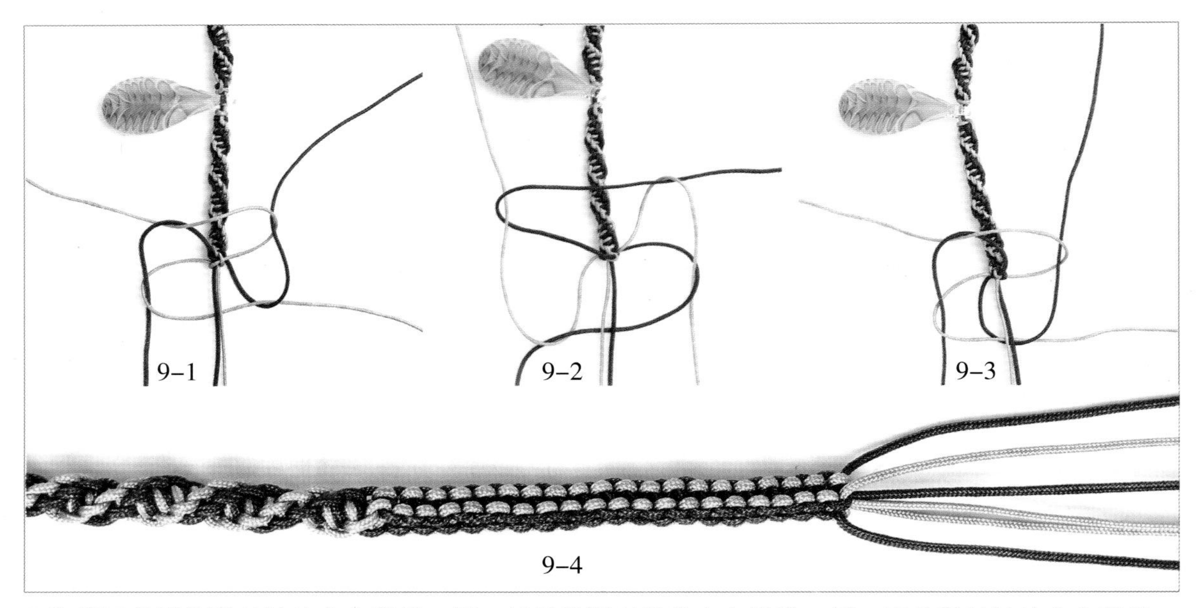

9.先将四条绳按逆时针的方向做挑、压，然后按顺时针的方向做挑、压，再按逆时针的方向做挑、压，如此一正一反，结体自然形成方柱形的玉米结。

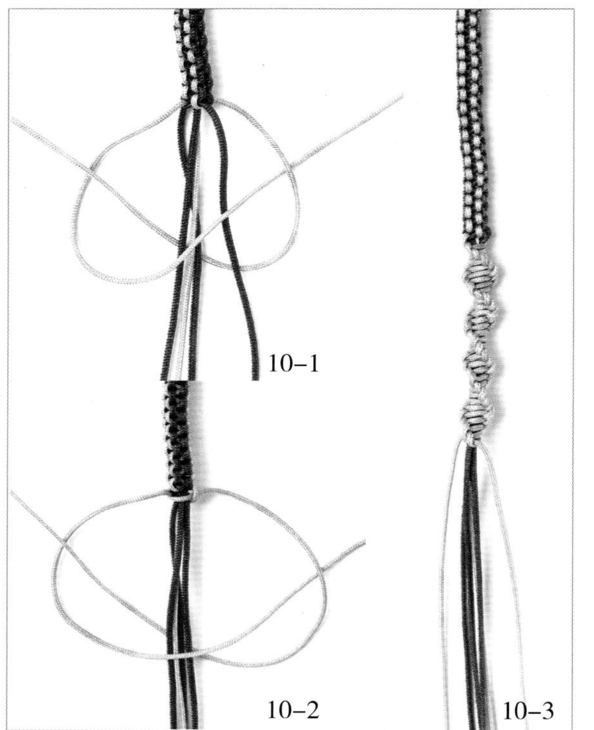

10.用浅绿色的线包着其他的线编一段左上平结。

11.仿照步骤10的方法，用深绿色的线包着其他的线编一段左上平结。

12.如图，做好项链的两边，然后另外取一条线编一段双向平结，并用链绳的两端穿珠子收尾。

锦华

材料 cai liao

A玉线200cm4条，琉璃珠3颗

制作步骤

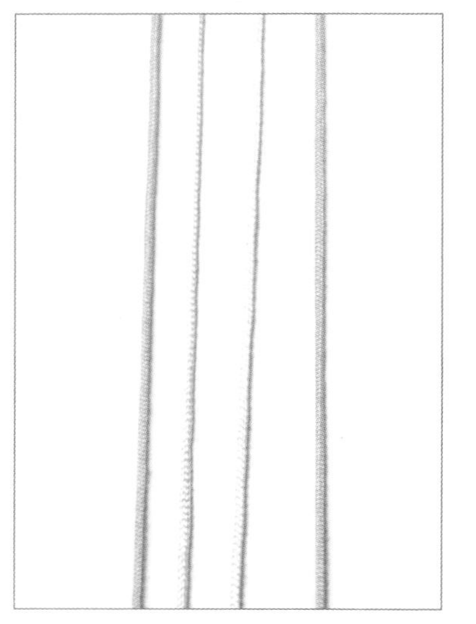

1.如图，准备四条线，其中，两条为粉色，另两条为蓝色。

2.如图，用这四条线合穿一个琉璃珠，在琉璃珠左侧编一个单结，起到固定琉璃珠的作用。

3.如图，两条蓝线以红线为中心线，在红线的外面编一个蛇结。

4.拉紧两条蓝线，调整好蛇结。

5.重复步骤3、4的方法，连续编八个蛇结。

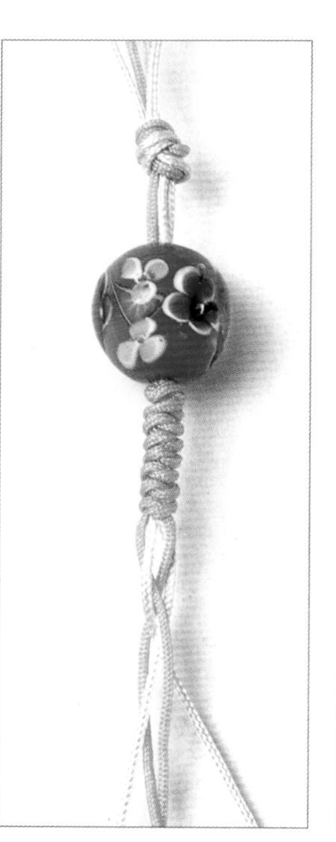

6.红线和蓝线分别如图做挑、压，编一段四股辫。

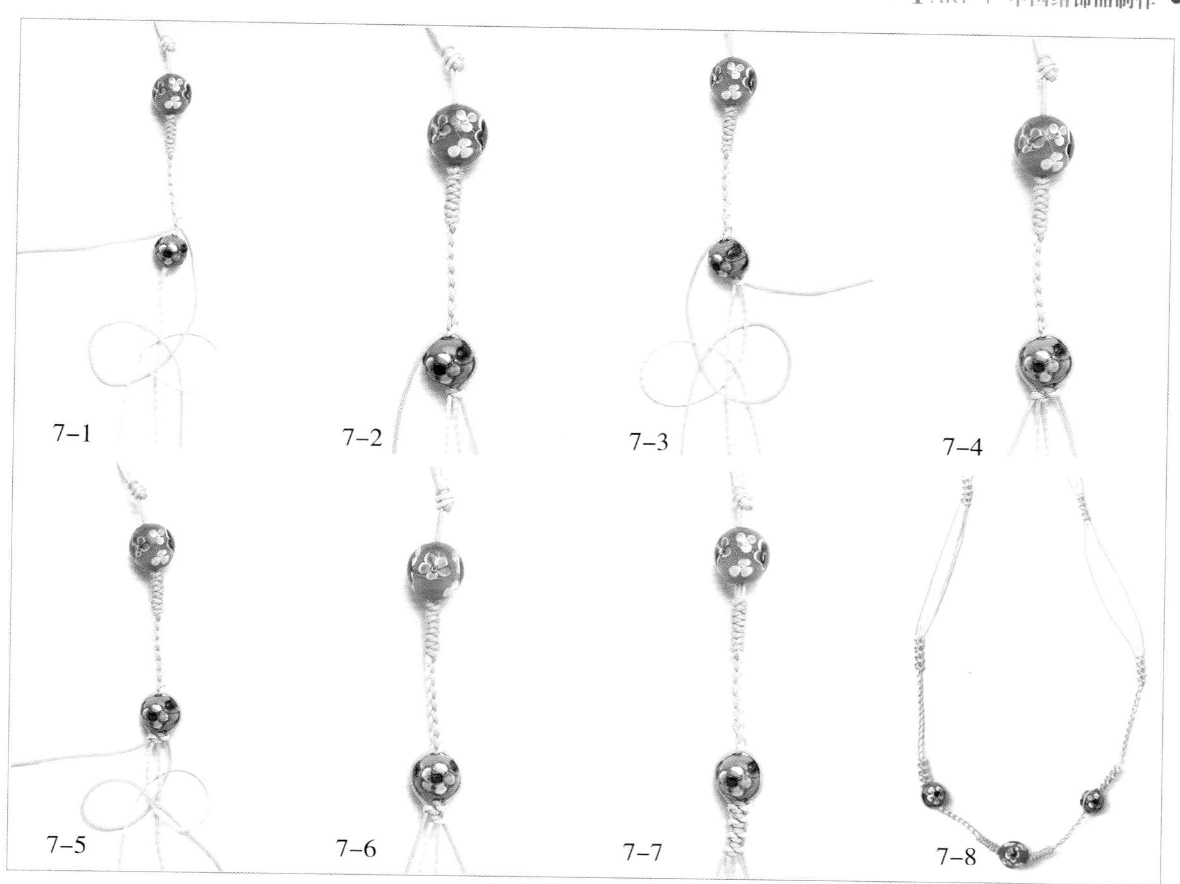

7.用其中的一条粉线和一条蓝线编一个蛇结，如此一上一下连续编蛇结，以左右对称的方式编好项链两边的链绳。

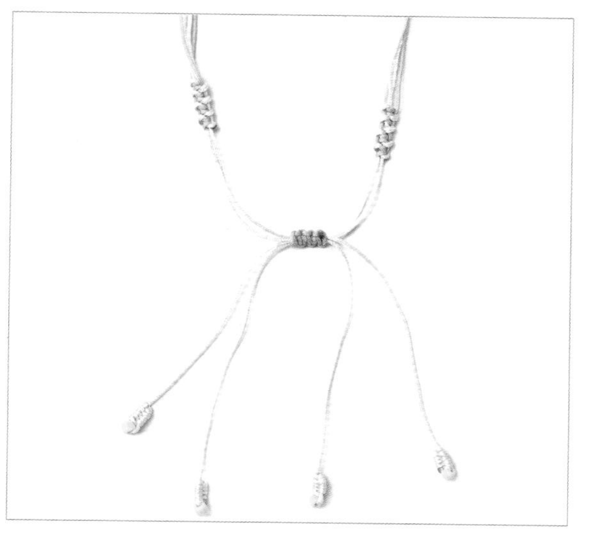

8.链绳的尾线分别穿珠子，编凤尾结，然后另外取一条蓝线，以链绳为中心线编一段双向平结，最后剪掉多余的尾线，并用打火机将线头略烧后按平。

9.这样，一款“锦华”项链就做好了。

凤舞翩翩

材料 cai liao

绕线80cm4条（紫色、浅紫色各2条）

制作步骤

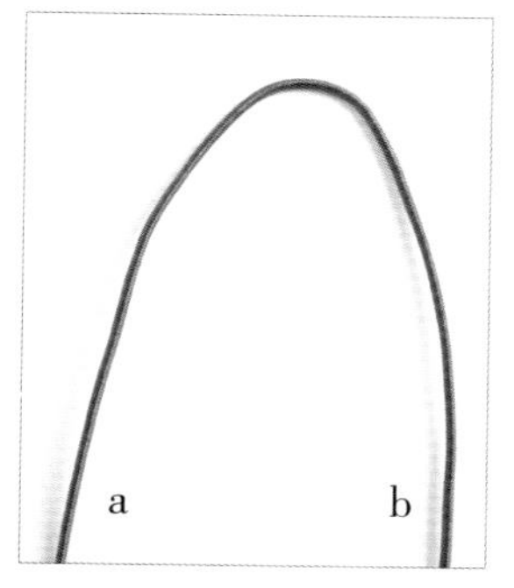

1.取一条紫色绕线对折，分a（左）、b（右）段，平放。

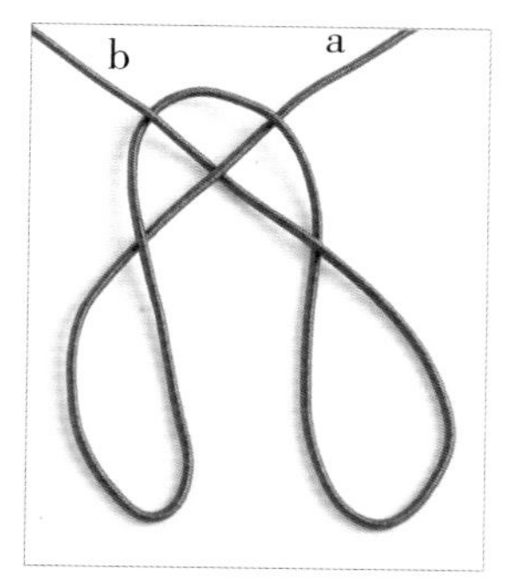

2.a、b段如图绕线，a段在折中点下方，b段在上方。

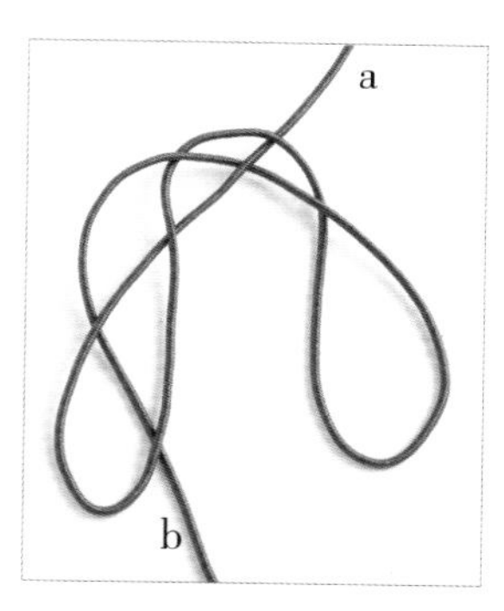

3.b段下绕，在a段耳翼下穿过。

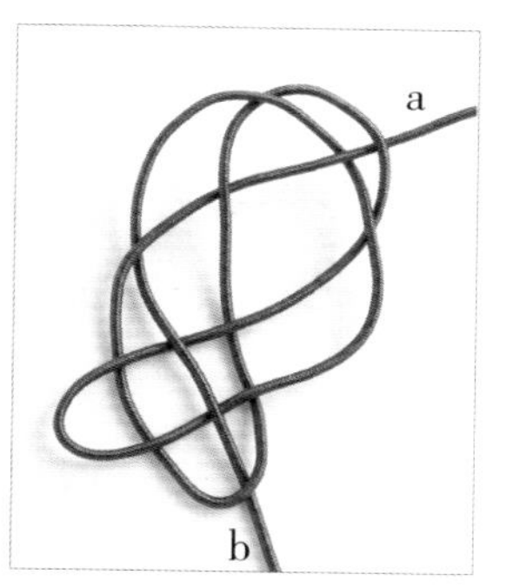

4.挑起b段线，把右边b段耳翼压着a段耳翼穿进去，如图所示。

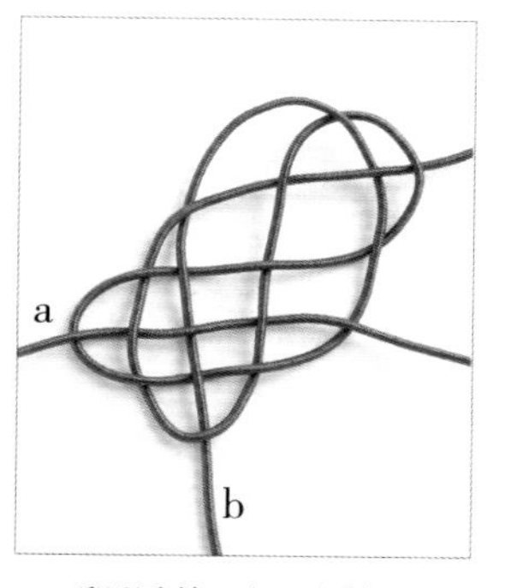

5.a段顺着b段耳翼，压1挑1压1挑1压1穿过去。

6.调整绕线，做出图中的形状。

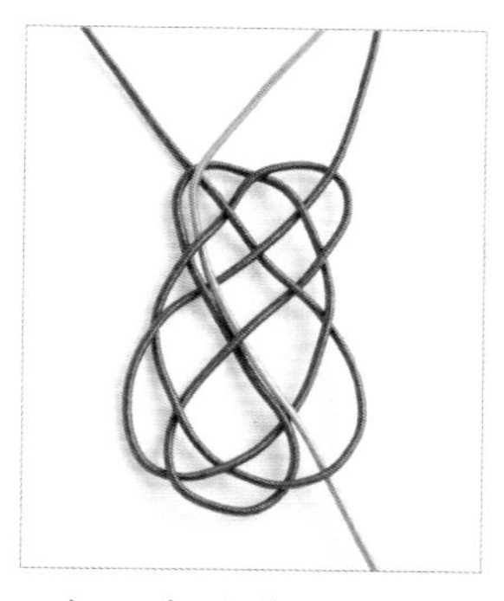

7.加一条浅紫色绕线沿着深色线穿进去。

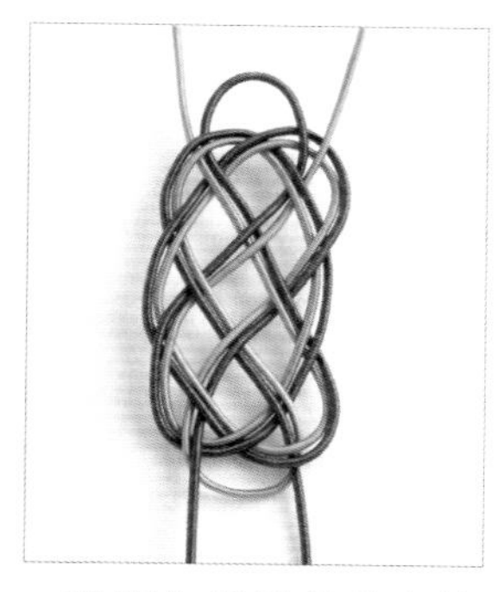

8.浅紫色线沿着紫色线走一遍，绕出图中所示的形状。

9.拉紧绕线，做出一个发髻结，加一条紫色绕线在浅紫色绕线一端，编一个结。

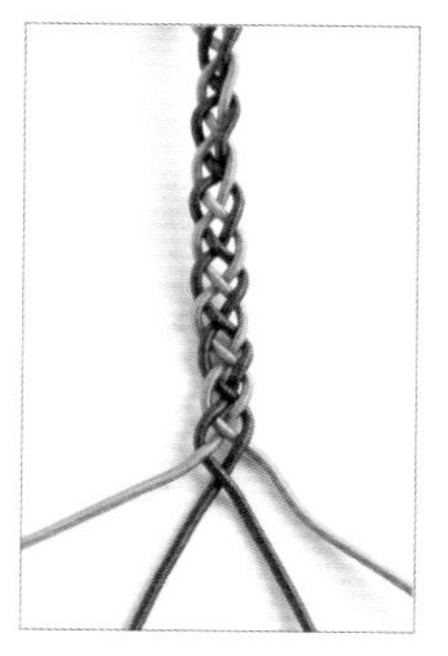

10.然后，用四条线开始编四股辫。

11.留出一条线做环扣，用另一条线包住其他线编一个秘鲁结。

12.另一边加一条浅紫色绕线，同样重复步骤9、10，编四股辫，然后线两两为一组，编一个纽扣结。

13.去掉余线即成。

红火

材料 cai liao

72号线150cm4条，珠子若干

制作步骤

1.四条线比齐，对折，在中间位开始用其中一条线包住其他线编一个雀头结。

2.穿一颗珠子，再编一个雀头结，重复做12次。

3.把线完成一个圈，穿珠的两段线包住其余线编一个平结。

4.八条线，以最右侧的线为主线，其余七条绕主线各编一个斜卷结。

5.再以最右侧的线为主线，同样重复步骤4，编一行斜卷结。

6.以步骤5的主线不变，其余六条线转向各编一个斜卷结，最右侧的线穿入七颗珠子，然后绕主线编一个斜卷结。

7.以最左侧线为主线，其余线绕其各编一个斜卷结，如图所示。

8.与步骤5～7同样，做出第二个穿右珠子的形状。

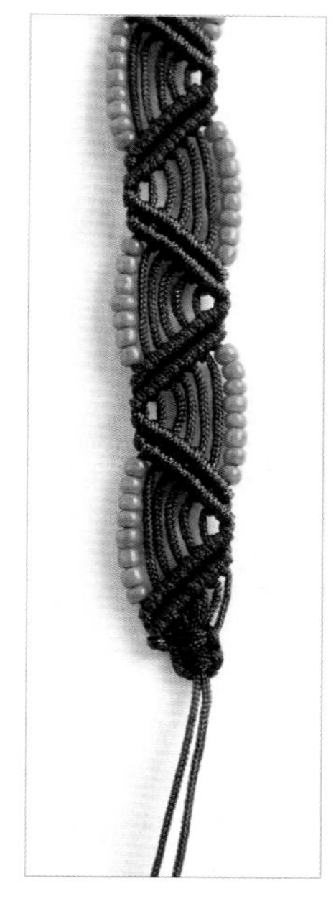

9.重复编织，做出适合的长度，然后用外侧的两条线包住其余线编两个平结，然后去掉余线。

10.最后穿一颗珠子，编一个单结，去掉余线即成。

热闹

材料 cai liao

5号韩国丝180cm2条（红色、橙色各1条）、90cm4条（红色、橙色各2条），饰品珠1颗

制作步骤

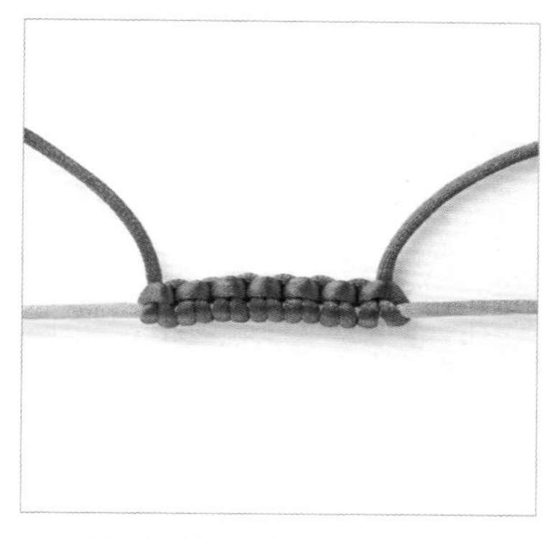

1.两条长线比齐，对折，然后在中间位开始，用红线绕橙线编七个雀头结。

2.把编好的雀头结做成一个圈，红线包住橙线编一个平结。

3.如图，四条段线分两组，并排放在对折的长线两边，红线摆中间，用橙线分别各自编一个平结。

4.靠内侧的红线包住两条橙线编一个平结。

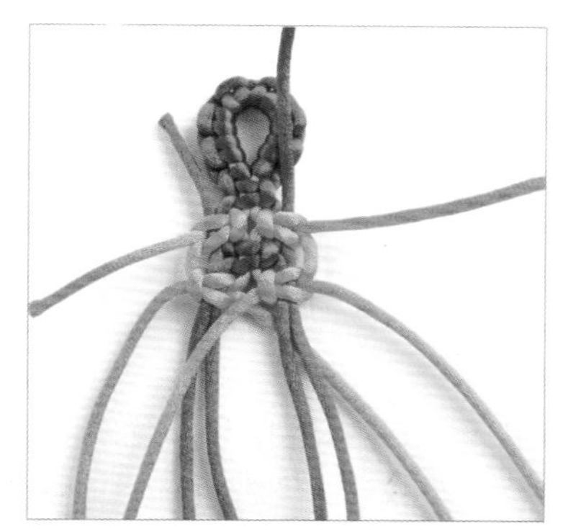

5.重复步骤3的方法，橙线包住红线各编一个平结。

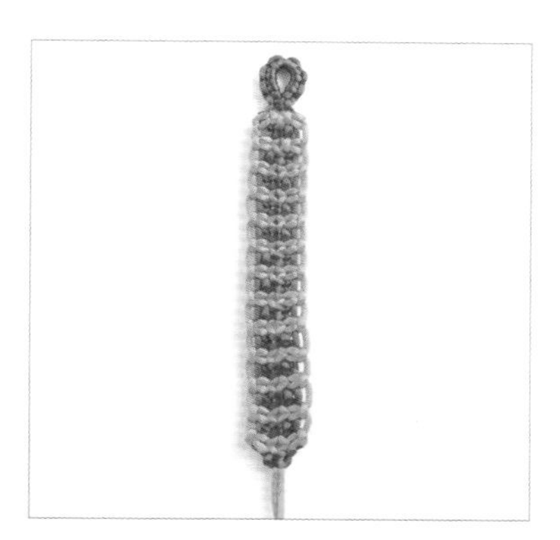

6.编至合适的长度，去掉余线。

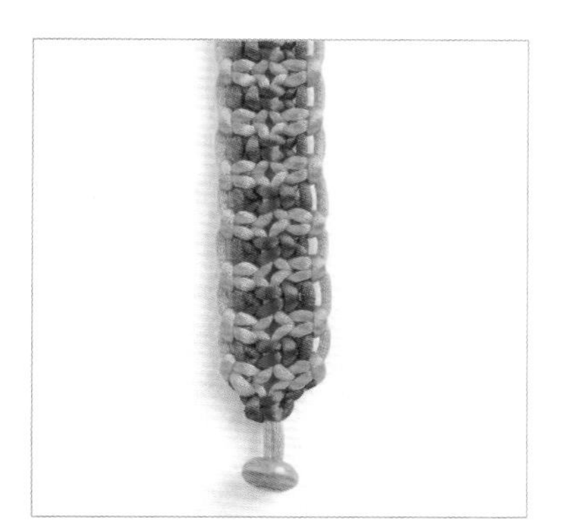

7.尾线穿入一颗饰品珠，编一个单结，拉紧，火烫线尾固定。

8.完成。

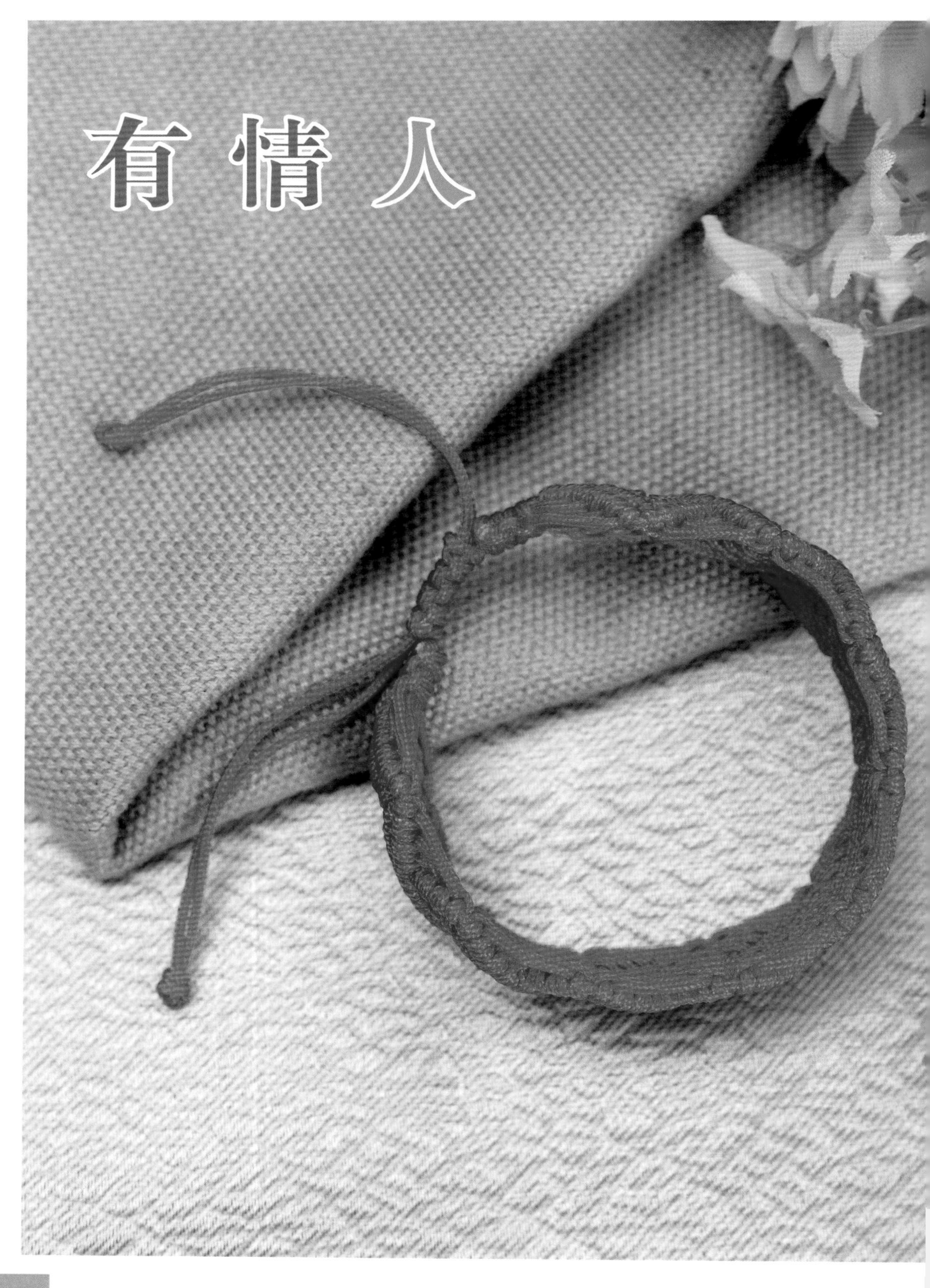
有情人

材料 cai liao

A线120cm12条

制作步骤

1.把其中十条A线比齐，另外两条拉长一些，然后用外侧的两条线编两个平结，如图所示。

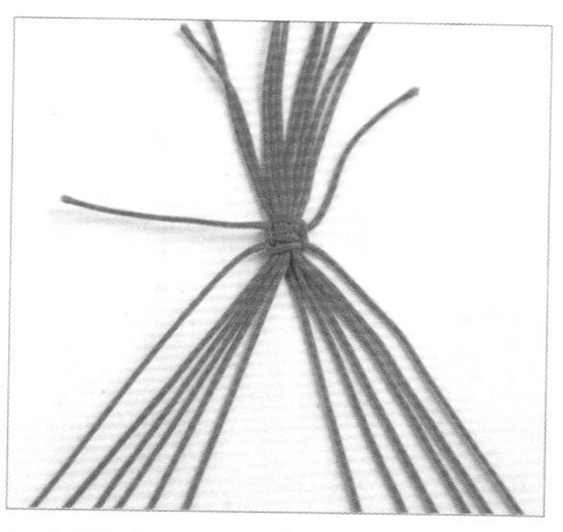

2.把线分两组，每组各六条。

3.右边内侧第一条为主线，左侧的线包住主线各编一个斜卷结，共六个结。

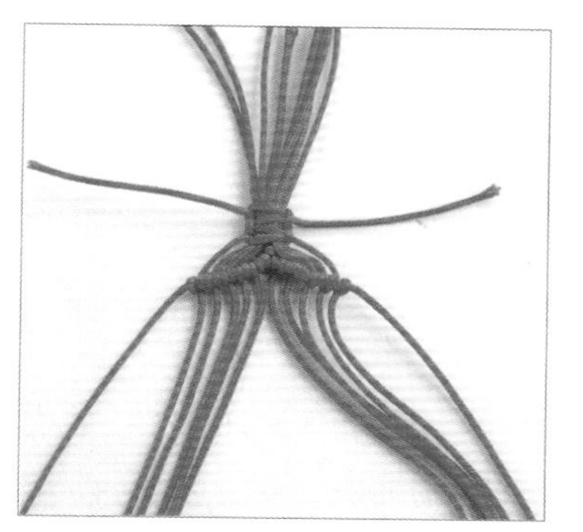

4.左边内侧第一条为主线，右侧的线包住主线各编一个斜卷结，共五个结。

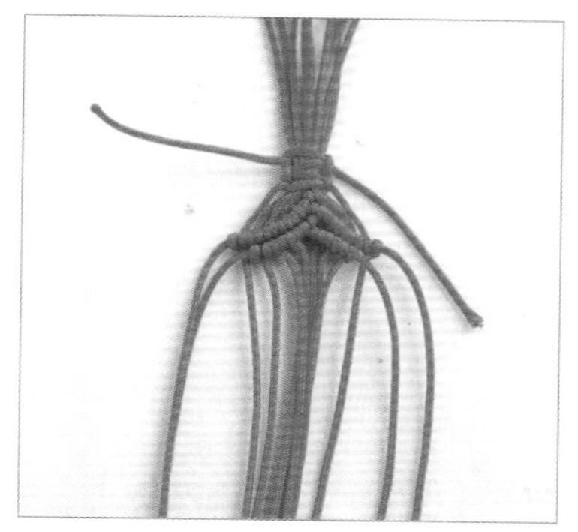

5.重复步骤3、4，再各编一行斜卷结，左边四个结，右边三个结。

6.同理再编出第三行斜卷结，左边两个结，右边一个结。

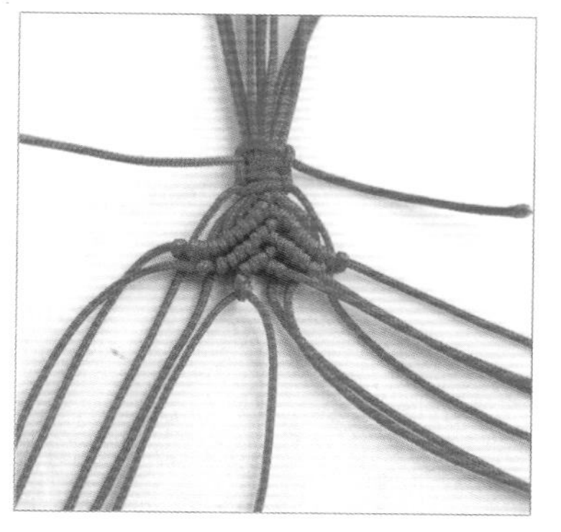

7.转一个方向接着编斜卷结，左边内侧第一条线包住主线编一个斜卷结。

8.同理，原第二行主线右侧临近的两条线，绕其分别编一个斜卷结；原第一行主线右侧临近的三条线，绕其分别编一个斜卷结，如图所示。

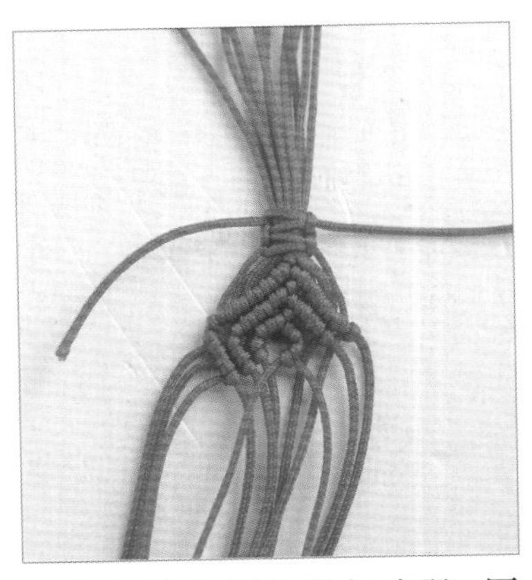

9.右边的内侧的线与步骤7同理，编一个斜卷结。

10.左侧的线分别与主线编一个斜卷结，右侧的两条主线同样步骤，做出图中的形状。

11.转个方向继续编斜卷结，同理步骤7、8。

12.右边由外向内数第四条线为主线，外侧的线分别绕其编一个斜卷结。

13.右边由外向内数第五、六条线为主线，外侧线继续编两个、一个斜卷结。

14. 重复步骤 10 的编法。

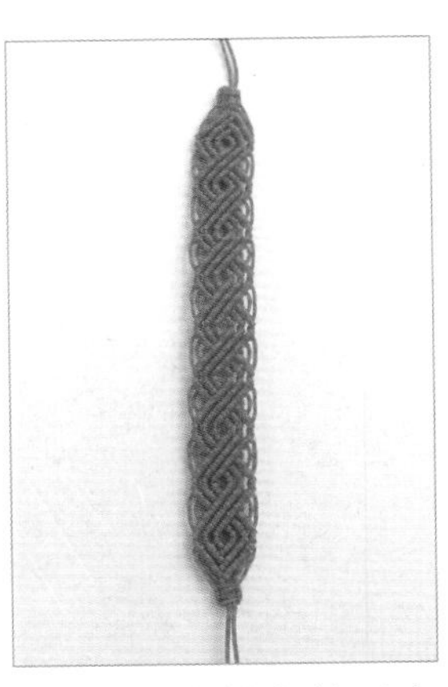

15.重复编斜卷结至合适的长度，然后外侧线包住其余线编两个斜卷结。

16.线尾首尾交叠，用余线包住编四个平结，尾线分别编一个单结，去余线即成。

秋色

材料 cai liao

6号韩国丝150cm5条，72号线90cm1条，珠子若干

制作步骤

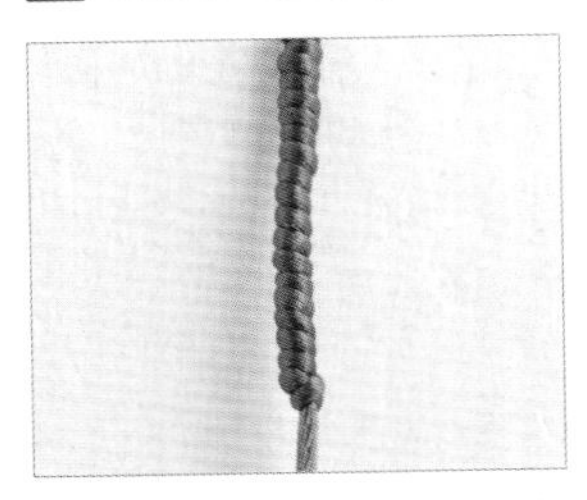

1.取两条韩国丝，比齐，在中间编一个单结，然后用其中一条线绕另一条线，绕5cm，然后编一个单节固定。

2.其余三条韩国丝比齐，对折后与72号线放在绕了线的韩国丝中间，然后包住其余线，编一个半平结。

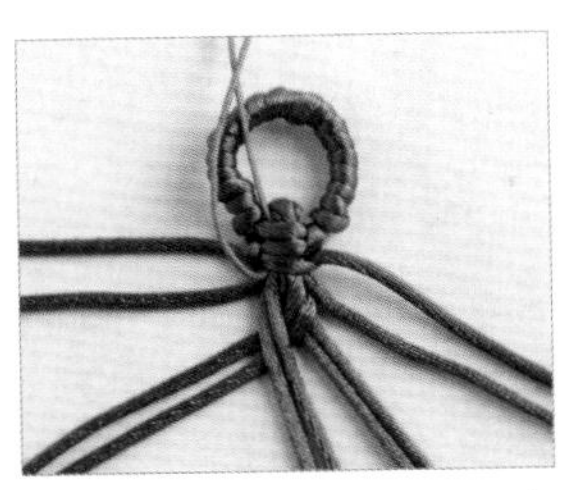

3.如图，把线分为两条一组，中间三组线开始编两下双线三股辫。

4.取右边第一条和第三条编一下。

5.取左边第一条和第四条编一下。

6.再取右边第一条和第四条编一下。

7.再取左边第一条和第四条编一下。

8.重复步骤6、7的编法，编至合适的长度。

9.然后取外侧的两条线包住其余线，编一个半平结。

10.线分两组，每组五条线，编一个纽扣结。

11.72号线从后面穿出来。

12.然后穿珠子，再穿回后面。

13.72号线再从后面穿出。

14.重复穿珠。

15.翻转手链，72号线在平结的横线上编一个单结固定。

16.去掉余线即成。

怡然自得

材料 cai liao

A线60cm4条、50cm2条、30cm1条，
乌龟3个，珠子若干

制作步骤

1.取两条50cm的线为主线，比齐，穿入珠子和乌龟。

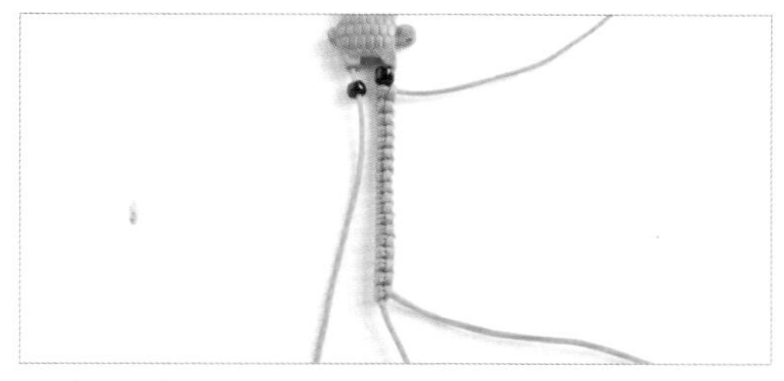

2.加一条60cm的线在右边一段主线上编雀头结，编至适合的长度。

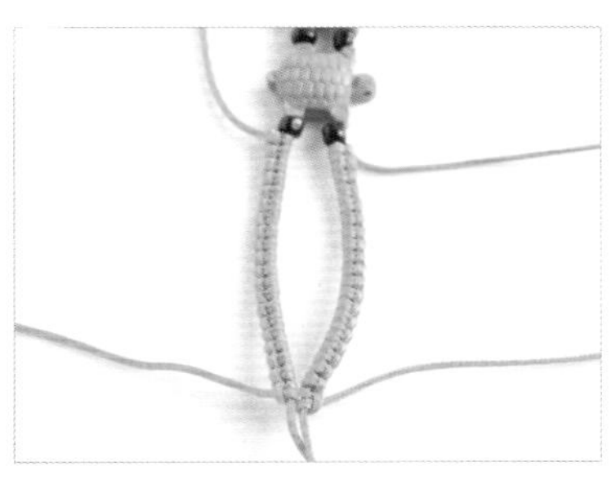

3.左边的主线同样步骤，编雀头结的方向与右边相反，长度编至一样。

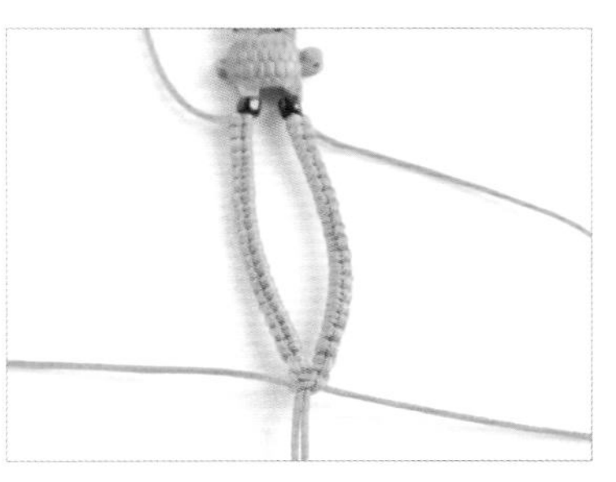

4.然后用编雀头结的余线包住主线编一个平结。

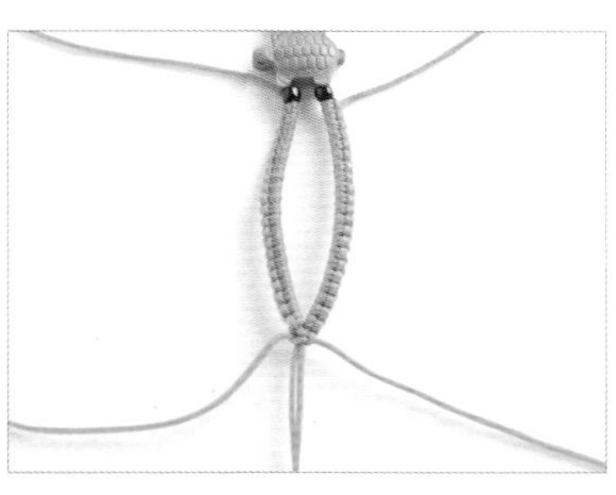

5.另一端同样编法。

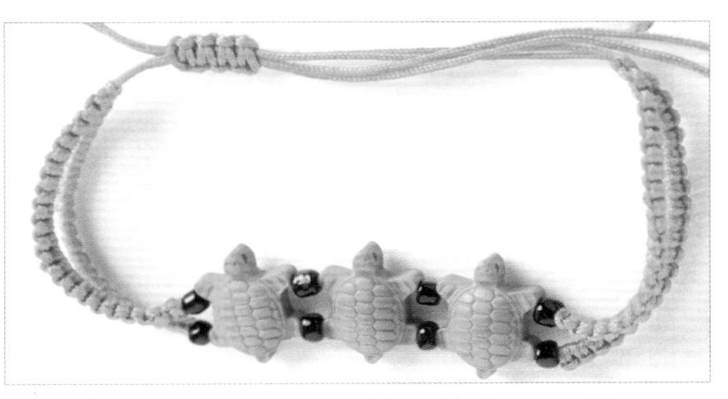

6.主线交叠，用30cm的线包住编四个平结，去掉余线。

7.穿尾珠，去余线即成。

如醉

材料 cai liao

A线200cm2条、30cm1条，72号线（绿色、银色、土黄色各适量），股线1束，珠子若干

制作步骤

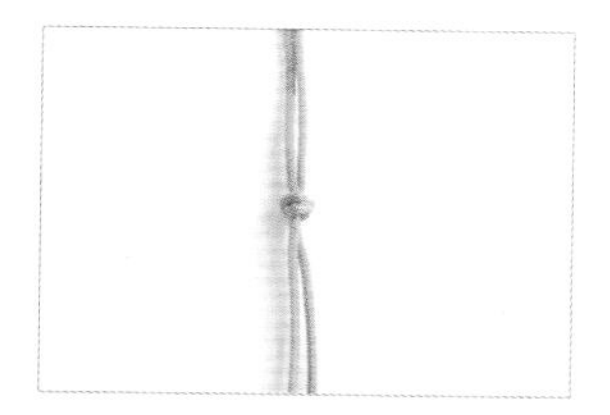

1.取一条长线对折，留出适合的长度，编一个双联结。

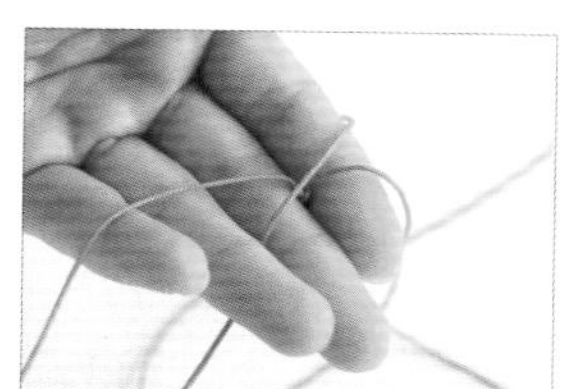

2.用手指夹着双联结，分开线，再加一条长线，呈十字摆放。

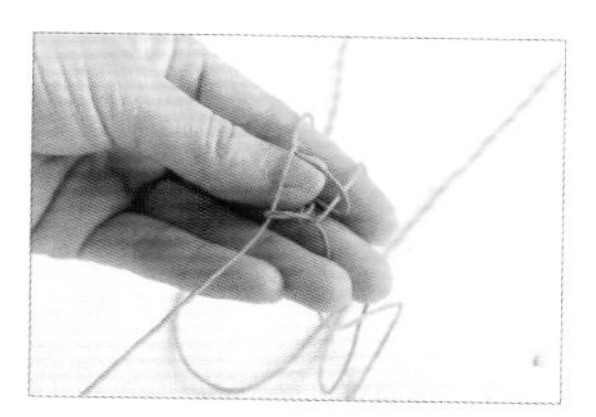

3.如图，开始编玉米结。

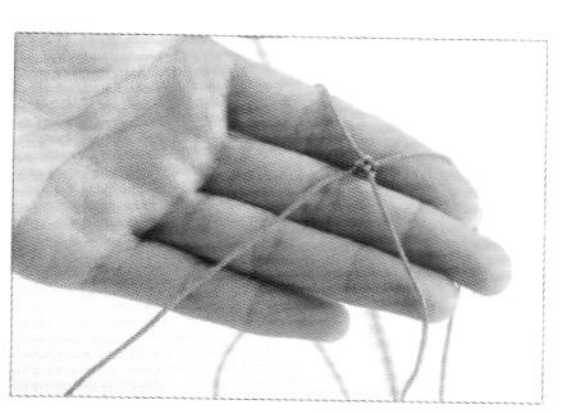

4.拉紧。

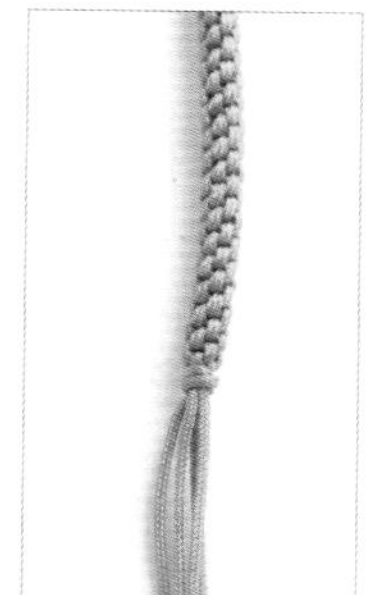

5.编玉米结至手腕长度，然后用两条线包住余线编一个双联结。

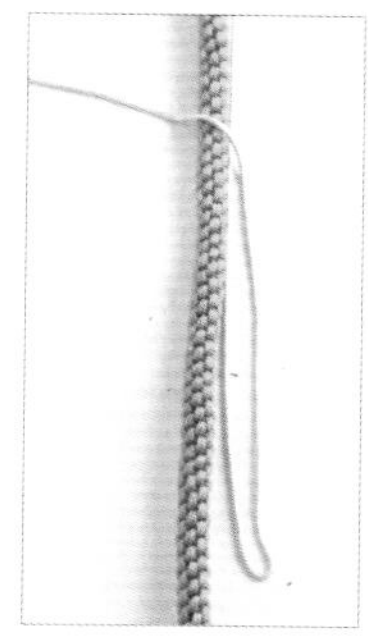

6.加一条银色的72号线，对折摆放在手链中间，如图。

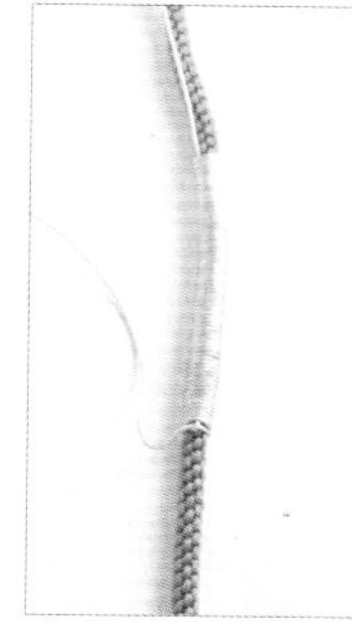

7.灰色线包住手链绕线，绕至合适的宽度。

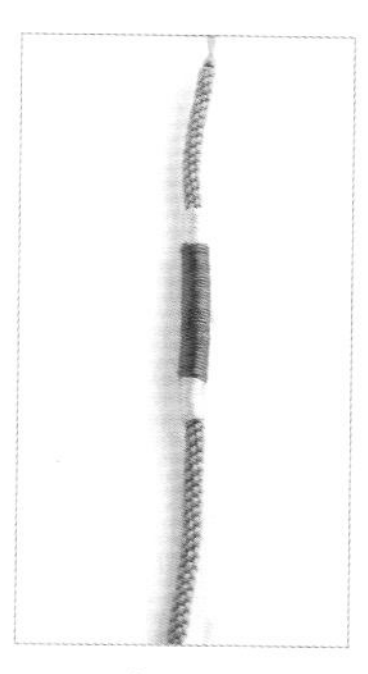

8.再加一条绿色的72号线，编法与银线一样，如图所示，拉紧，去掉余线。

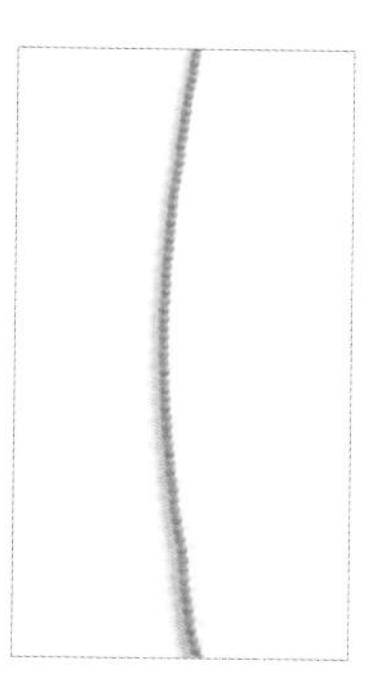

9.股线穿珠子。

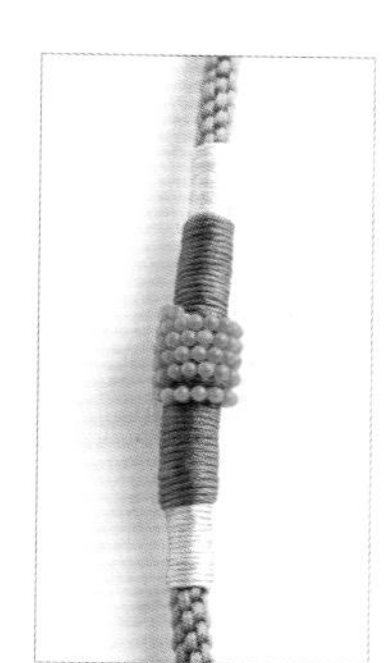

10.然后把珠子绕到手链的绿线中间。

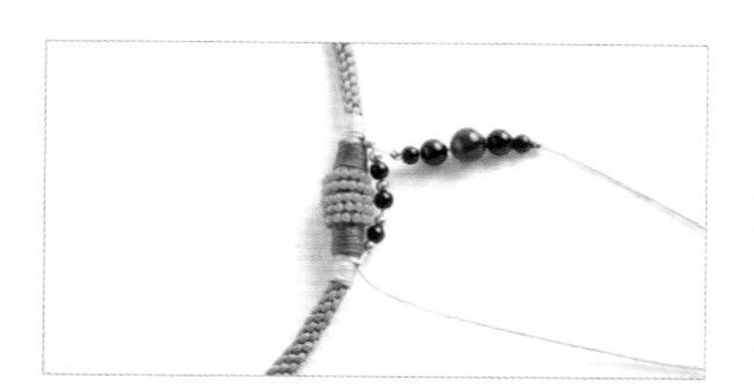

11.取一条银线穿入银色绕线里，编一个秘鲁结，穿珠子，另一端线穿入另一边的银色绕线里。

12.另一端线绕其编一个秘鲁结。

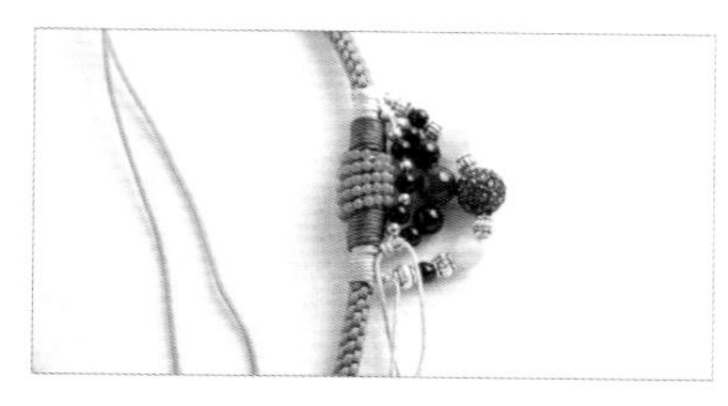

13.同样编法，再加一条银线穿珠子，穿进了另一端银色绕线里编一个秘鲁结。

14.去掉余线。

15.线尾交叠，用30cm的A线包住编四个平结，线尾再各编成凤尾结即成。

美好回忆

材料 cailiao

72号线90cm8条、30cm1条，珠花1个，珠子2颗

制作步骤

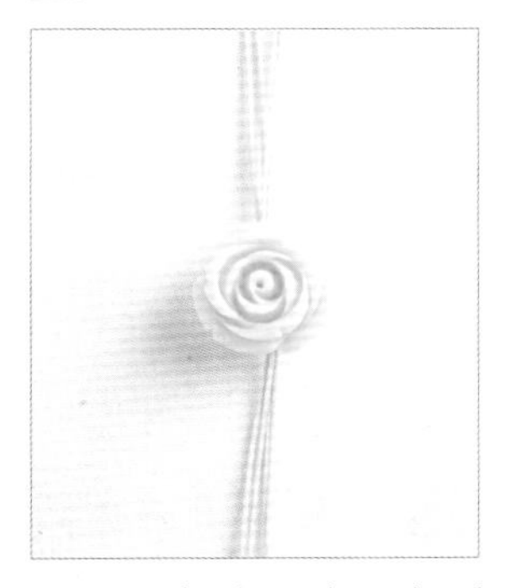

1.取四条线比齐，把珠花穿入，摆在中间。

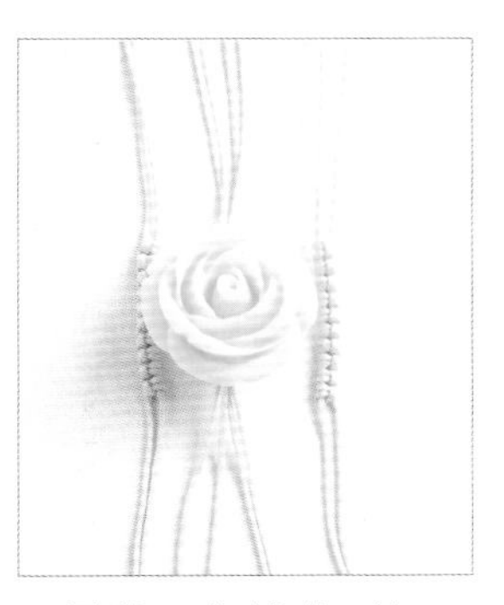

2.另外四条线分两组，在线中间开始，各编10个雀头结，然后摆放在珠花两边。

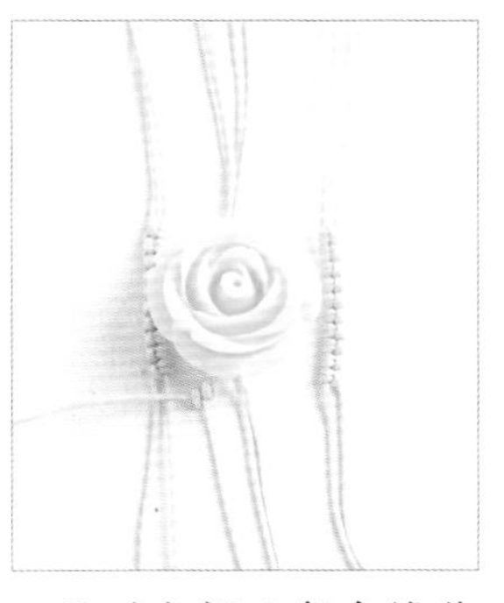

3.此时底部八条余线分成左右两股，每股各四条线。左边以内侧第一条线为主线，与第二条线编一个斜卷结，如图摆放。

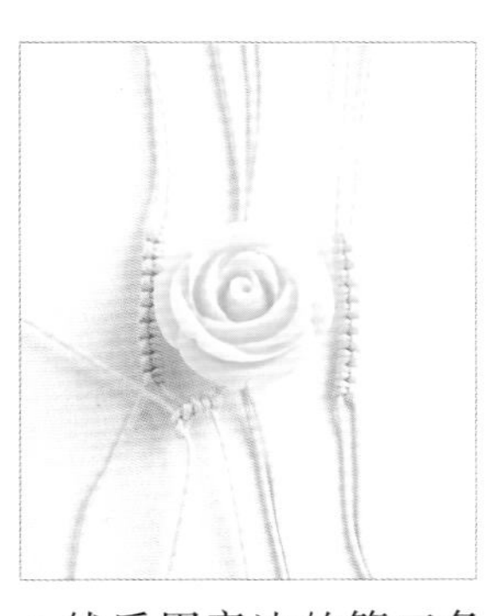

4.然后用旁边的第三条线再编两个斜卷结。

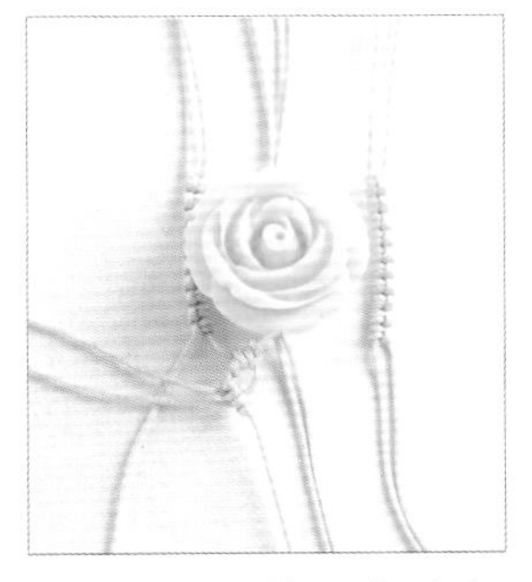

5.左边内侧第一条线包住第二条线编一个斜卷结。

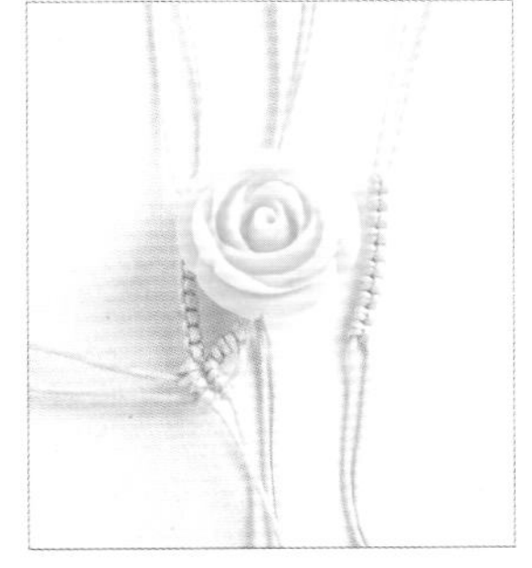

6.左边外侧第一条线为主线，外侧第二条和内侧第一条线绕主线各编一个斜卷结。

7.右边外侧第一条线为主线，其余线分别绕主线编一个斜卷结。

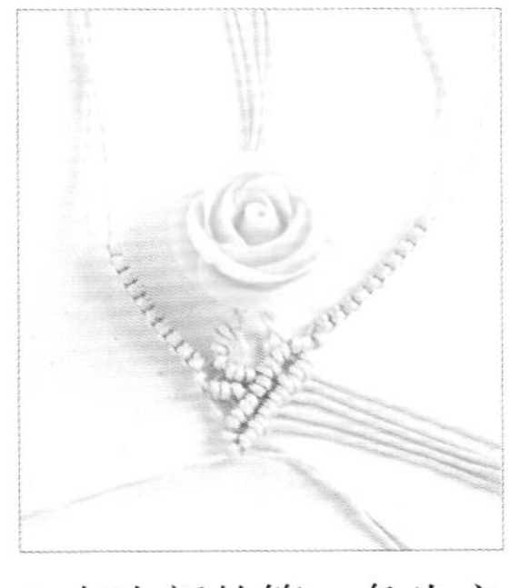

8.右边新的第一条为主线，其余线各编一个斜卷结。

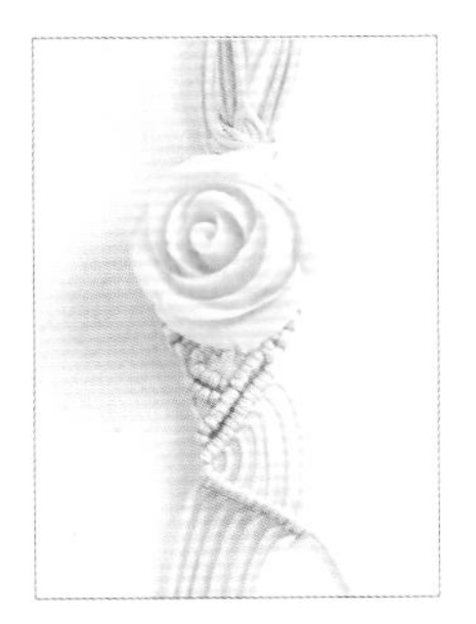

9.与步骤8的主线不变，转一个方向，继续编斜卷结。

10.以左边第一条线为主线，其余线绕其各编一个斜卷结。

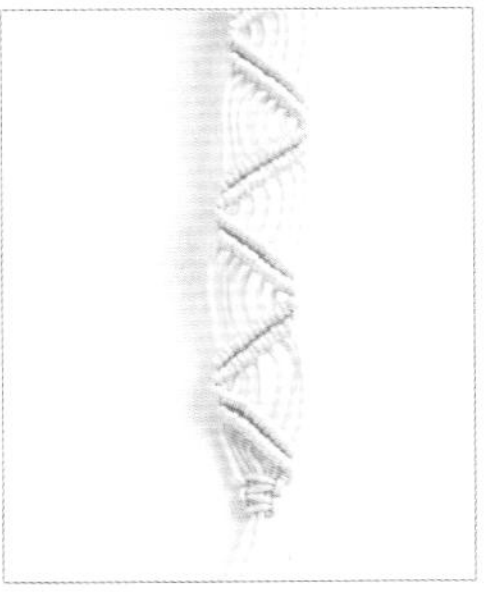

11.重复步骤7～10，编至合适的长度，编两个平结，留下两条线。

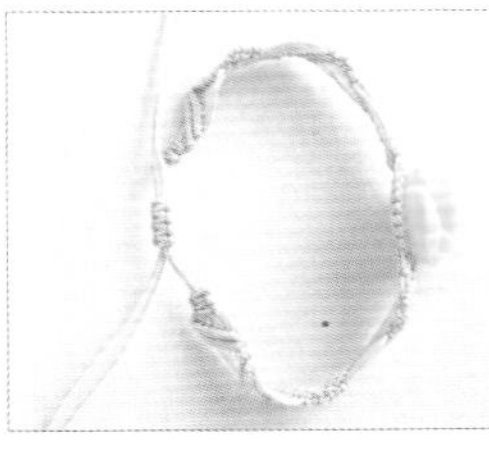

12.另一端同样编法，然后用30cm的线包住留下的4条线，编四个平结。

13.穿尾珠，去余线即成。

守护

材料 cai liao

5号韩国丝90cm1条，绕线2束（土黄色、灰绿色），饰珠1颗，双面胶1卷

制作步骤

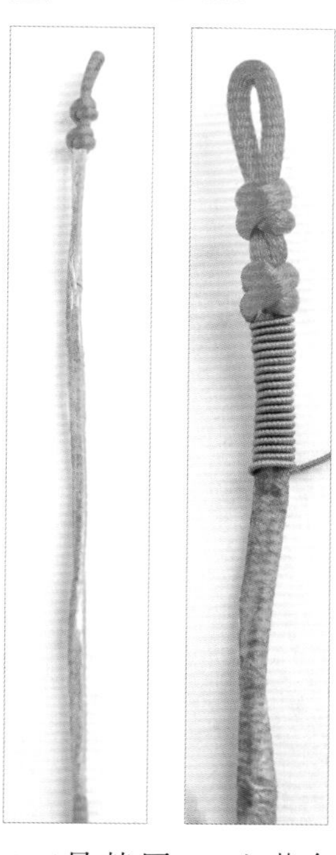

1.5号韩国丝对折，留出适当的长度，编两个双联结，再用双面胶绕线16cm长。

2.土黄色绕线包住韩国丝，在双面胶上绕线。

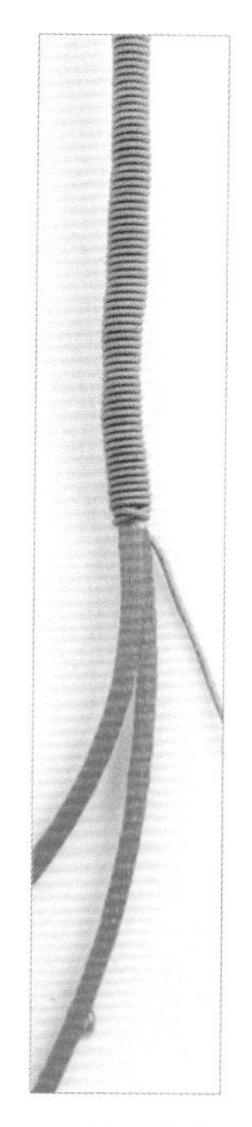

3.然后编一个单结固定。

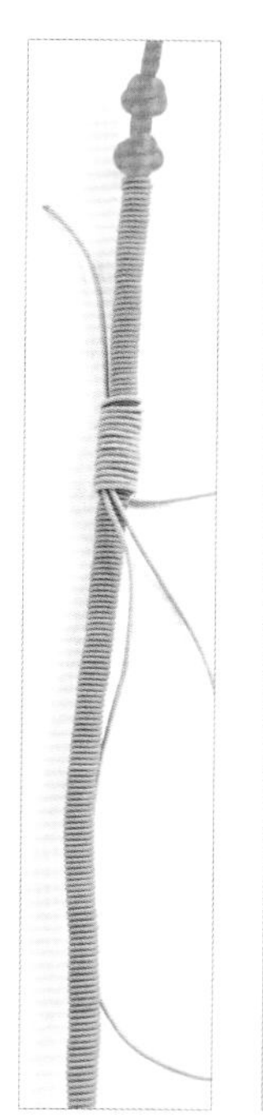

4.在距离第二个双联结3.5cm处，开始用灰绿色绕线包绕手链。

5.缠绕4cm长，然后穿珠子，再绕4cm长的灰绿色绕线。

6.在灰绿线绕线上缠绕2cm双面胶。

7.土黄色绕线包住双面胶绕线，另一边同理。

8.与步骤4同理，在珠子两边在绕1cm宽的灰绿色绕线。

9.尾线编一个纽扣结，去掉余线即成。

时光

材料 cai liao

A线90cm10条、30cm1条，珠花1个，珠子若干

制作步骤

1.将十条长线比齐，珠花穿入到线中间。

2.线分两组，每组各五条。

3.左边线以右边内侧第一条线为主线，左线分别编一个斜卷结。

4.右边编法与步骤3同理。

5.重复编法，编出第二行斜卷结。

6.以左边外侧第一条线为主线，第二条线绕其编一个斜卷结。

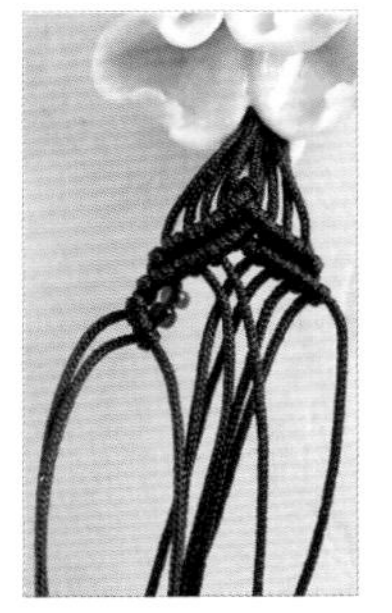

7.第三条线穿两颗珠子，绕主线编一个斜卷结。

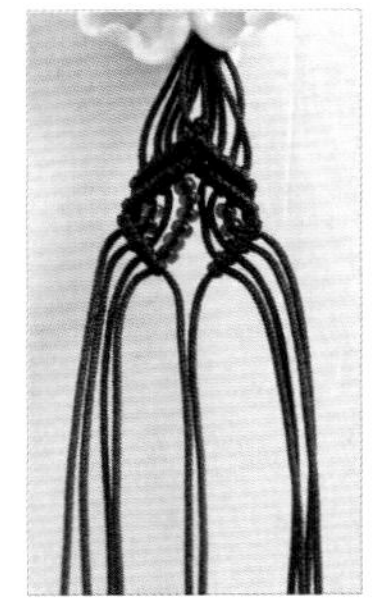

8.左边第四条线和穿了六颗珠子的第五条线绕主线各编一个斜卷结，右边线同理，如图编织。

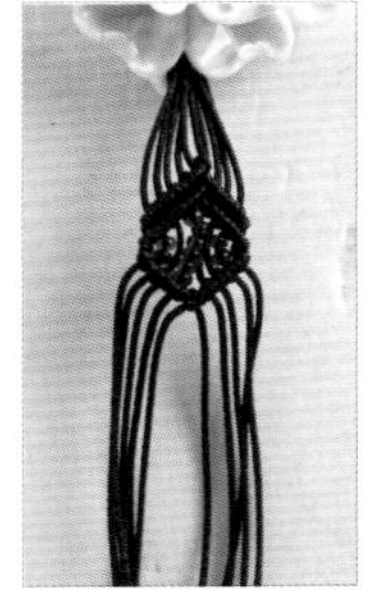

9.左边的主线绕右边的主线编一个斜卷结。

10.以外侧线为主线，再各编一行斜卷结，穿珠子，再如图编织斜卷结。

11.重复步骤6～10，编至合适的长度，外侧线包住余线编两个平结。

12.另一边同样编织。

13.用30cm的线包住交叠的余线编四个平结，穿尾珠，各编一个单结。

14.去掉余线即成。

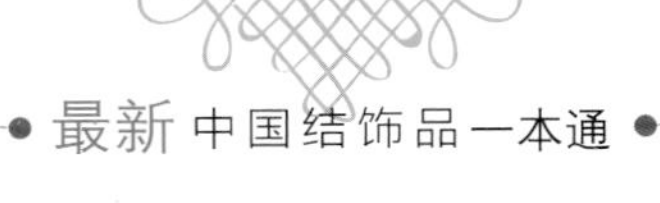

小银珠

材料 cai liao

5号韩国丝200cm1条（粉色）、30cm1条（粉色）、50cm2条（红色），珠子8颗

制作步骤

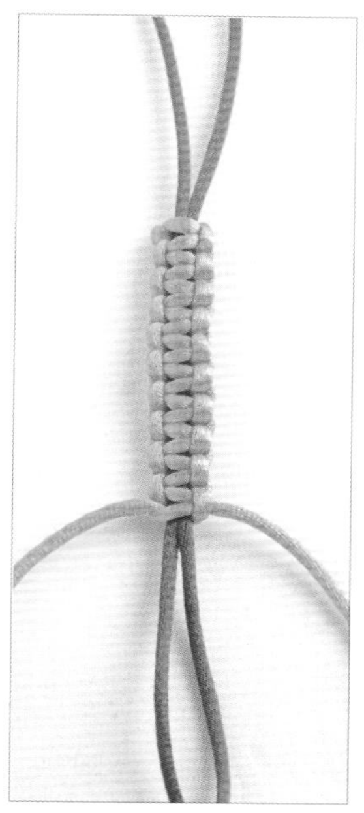

1.红色线比齐并排放，粉色长线包住红线编适当长度的平结。

2.在红线上穿过的粉色线穿珠子，继续编平结。

3.拉紧平结。

4.再穿四颗珠子，然后继续编平结至适当长度，去余线。

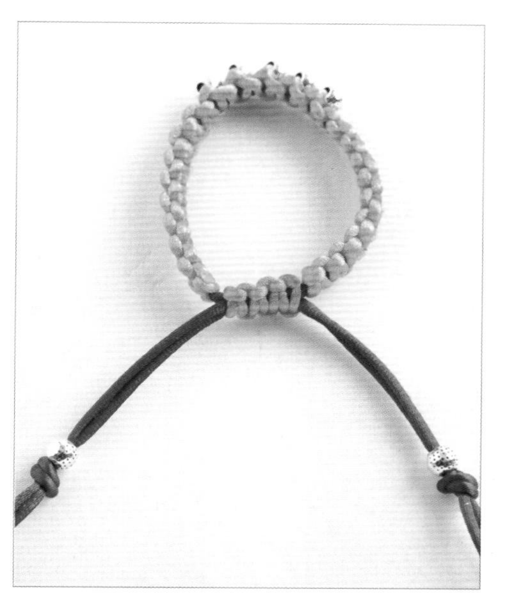

5.用30cm长的线包住红线编三个平结，红线各穿尾珠、编一个单结。

6.去余线即成。

蔷薇花

材料 cai liao

72号线90cm8条、30cm1条，珠花1个，珠子2颗

制作步骤

1.取两条长线，比齐，穿过珠花。

2.两侧再各加一条线，包住两条线，在下端编一个平结。

3.左侧继续加两条线。

4.从左边外侧数起第一条和第四条线，包住这之间的线编一个平结。

5.右边同样加线和编一个平结。

6.然后与步骤2同样编法，编一个平结。

7.重复编织平结至合适的长度，然后外侧线包住其余线编两个平结，去掉余线，留下最初穿珠花的两条线。

8.另一边同样编织。

9.用30cm的线包住尾线编4个平结，穿尾珠，编单结即成。

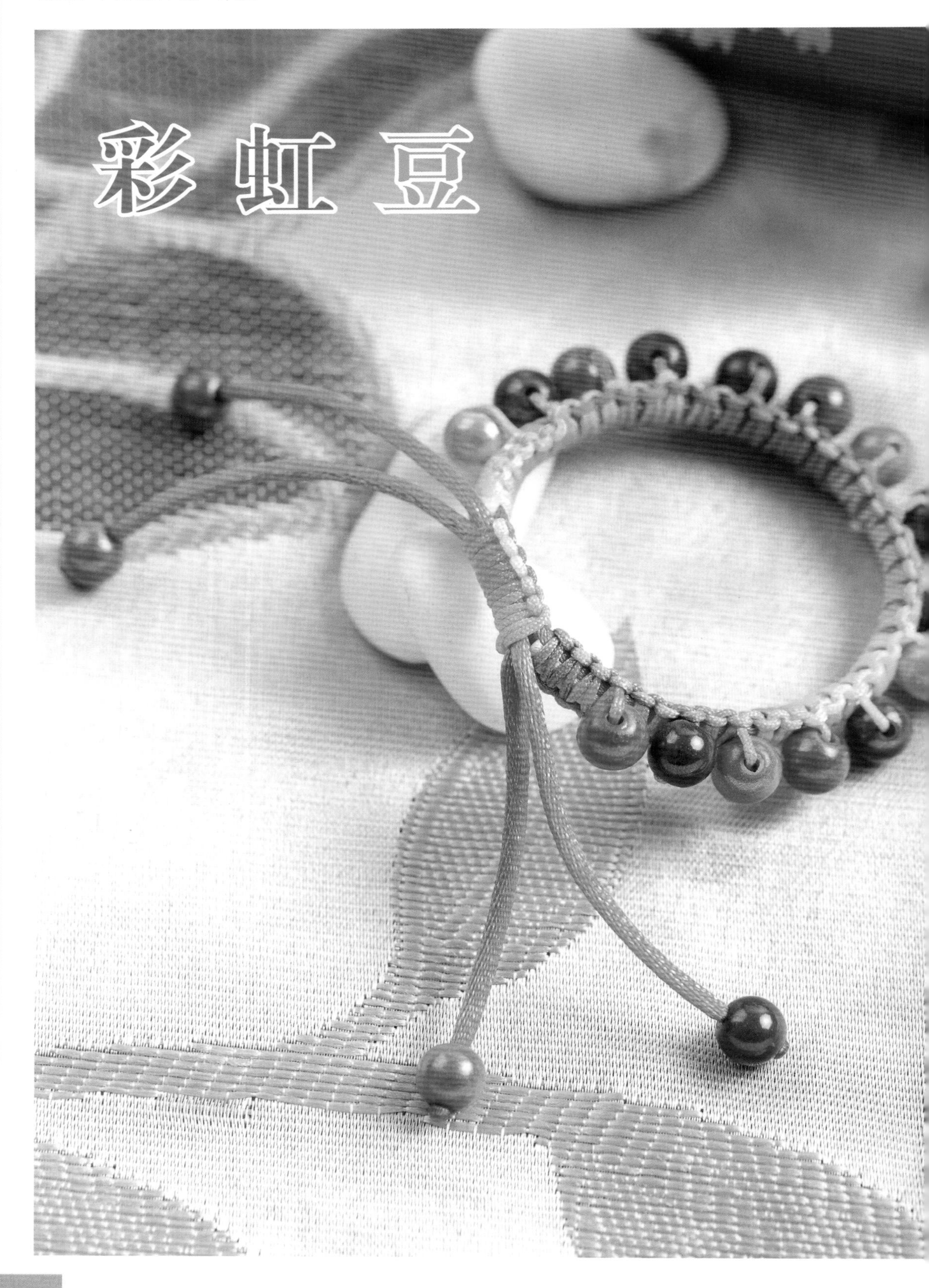
彩虹豆

材料 cai liao

5号韩国丝50cm2条（粉色），6号韩国丝50cm2条（白色），
AA线240cm1条、30cm1条（七彩色），珠子若干

制作步骤

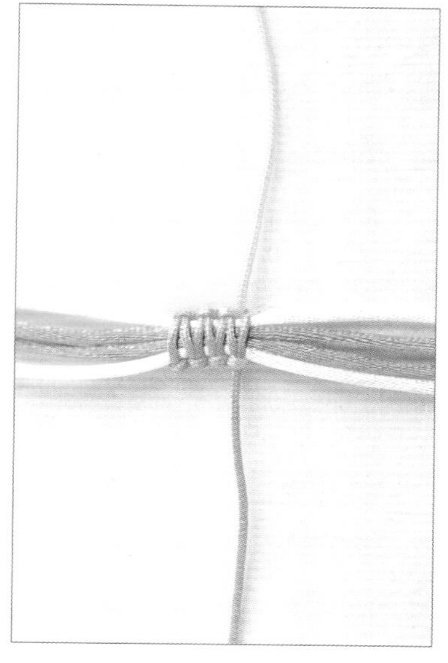

1.5号韩国丝和6号韩国丝比齐，作为主线，AA线对折包住主线编四个平结，如图所示。

2.如图，左线穿一颗珠子，然后编平结。

3.拉紧，再编一个平结。

4.穿珠子，然后隔一个平结，再穿珠子，编至适合的长度。

5.然后再编四个平结固定，留下粉色线，去掉多余的线。

6.用多余的AA线包住粉色线编四个平结，然后穿尾珠，去余线即成。

玉竹

材料 cai liao

A线80cm8条（四色，每种颜色2条）、30cm1条，玉珠4颗

制作步骤

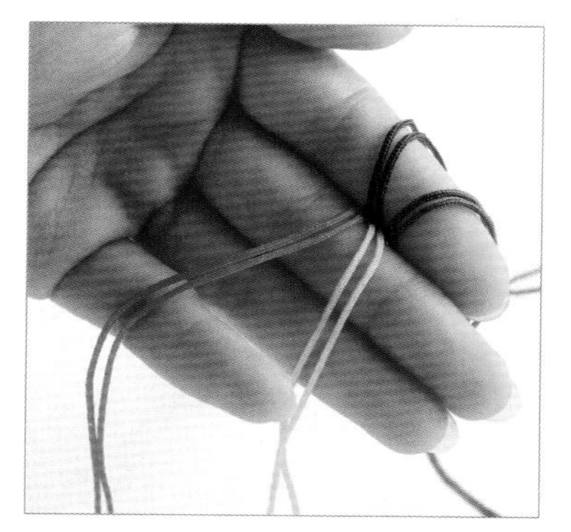

1.八条线比齐，同颜色的为一组，如图，用手指夹着摆放好。

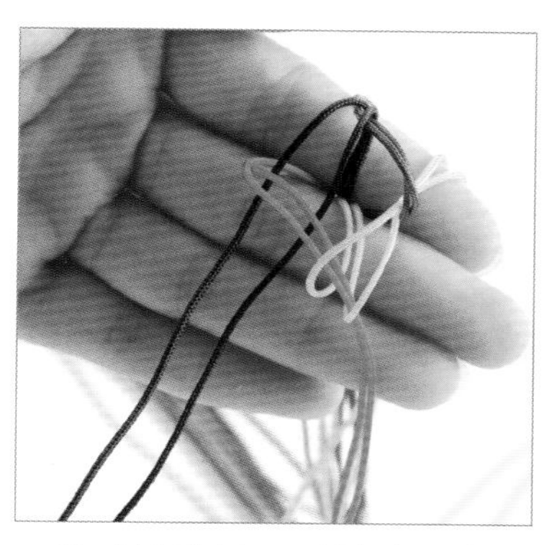

2.逆时针挑压，开始编一个玉米结。

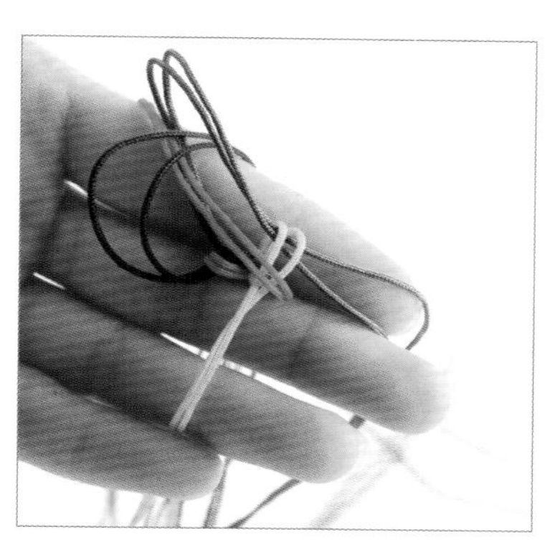

3.拉紧后，四组线顺时针挑、压，如图所示。

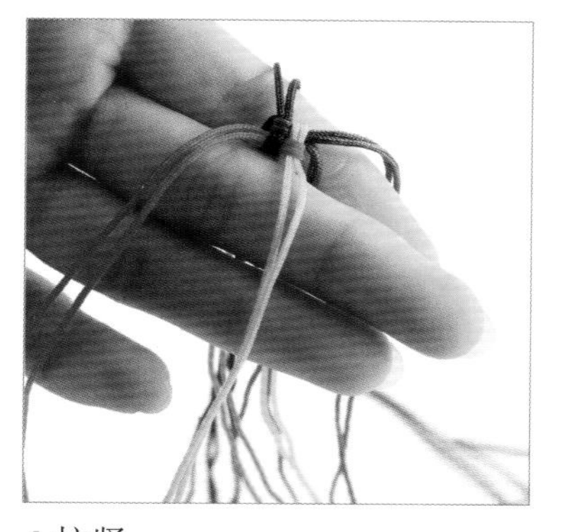

4.拉紧。

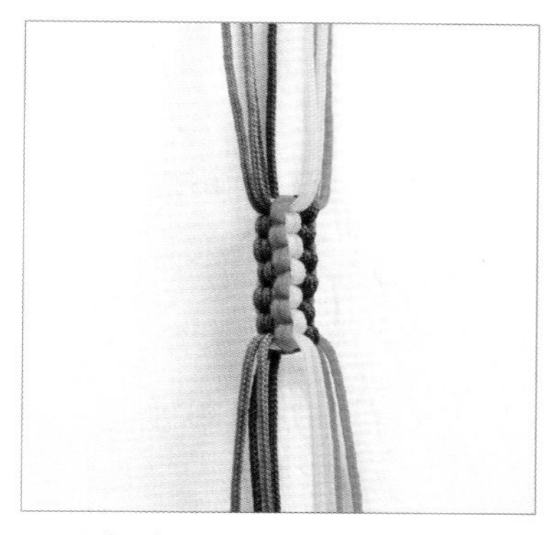

5.重复步骤2～5的编法，编出图中形状。

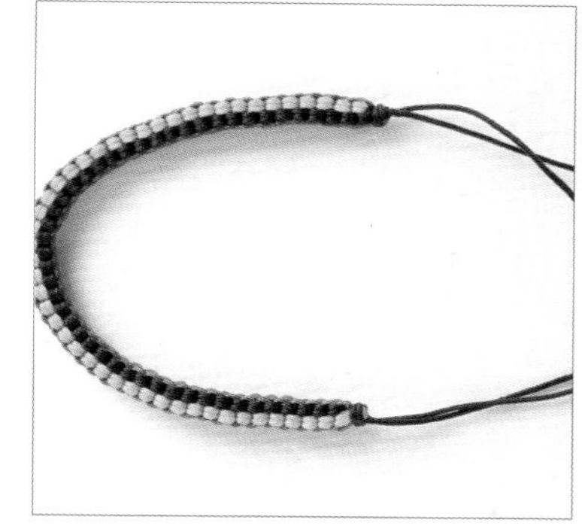

6.编方形玉米结至合适的长度，两头各编一个双联结，去掉余线。

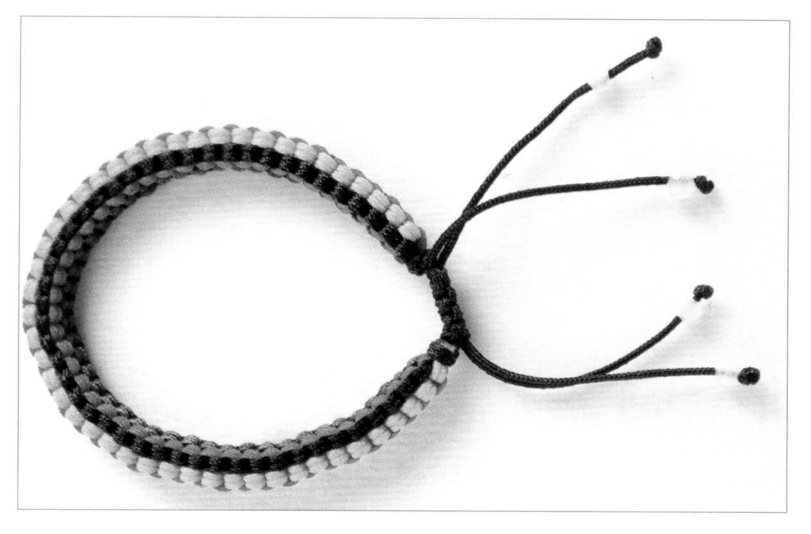

7.用30cm的线包住余线编四个平结，穿四颗玉珠，各编一个单结即成。

素银

材料 cai liao

A线70cm8条、30cm1条，珠子若干

制作步骤

1.八条线比齐，然后将两条拉长一段，外侧两线包住其余线编两个平结。

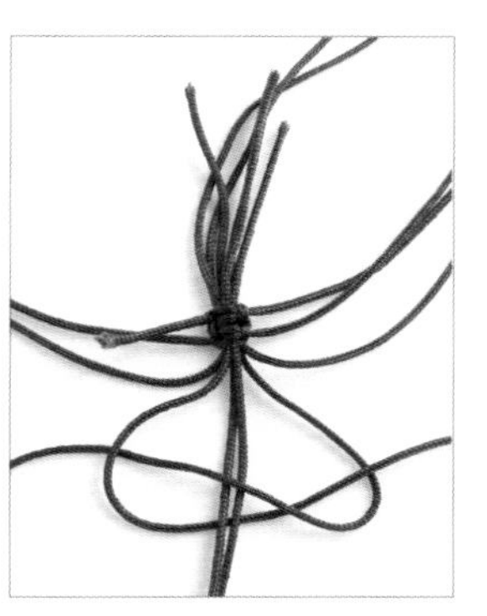

2.左右两边外侧的两条线各为一组，余下四条线里，中间两线为主线，两侧的线绕其编一个平结。

3.如图所示，拉紧，成一平结。

4.左边的线下拉，外侧第一条线和左边主线包住中间两条线，编一个平结。

5.右边同样编法。

6.左右两边内侧第一条线同时穿入一颗珠子。

7.然后两边的线包住主线编一个平结，两侧与步骤4、5同样的编法，各编一个平结。

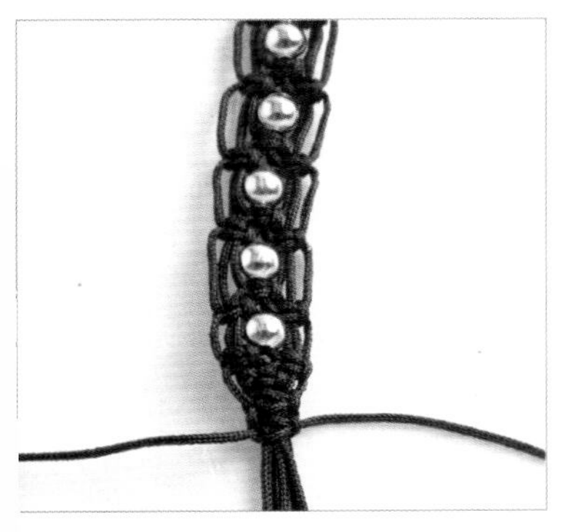

8.重复编织，至合适的长度，外侧线包住其余线编两个平结固定。

9.两头各留下两条余线，然后交叠，用30cm的线包住，编四个平结。

10.穿尾珠，各编一个单结，去掉余线即成。

一点红

材料 cai liao

6号韩国丝100cm6条（白色2条、绿色4条），粉水晶2颗

制作步骤

1.所有线以两条绿线、一条白线为一组，分两组，把一组看作一条线，从中间打一个纽扣结。

2.穿两颗粉水晶，用纽扣结隔开。

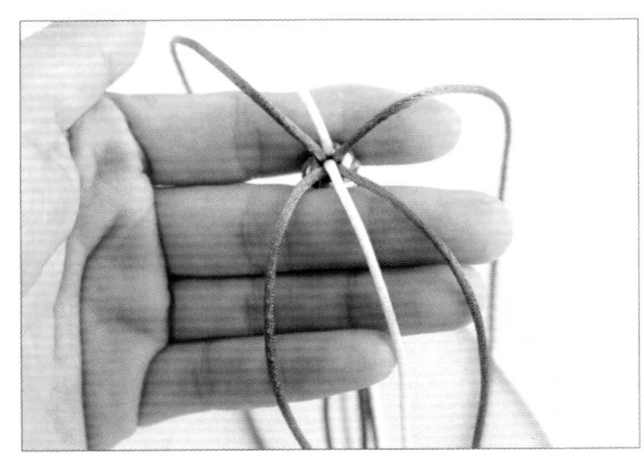

3.拿起一端的线，把线分别摆放好。

4.开始打圆形玉米结。

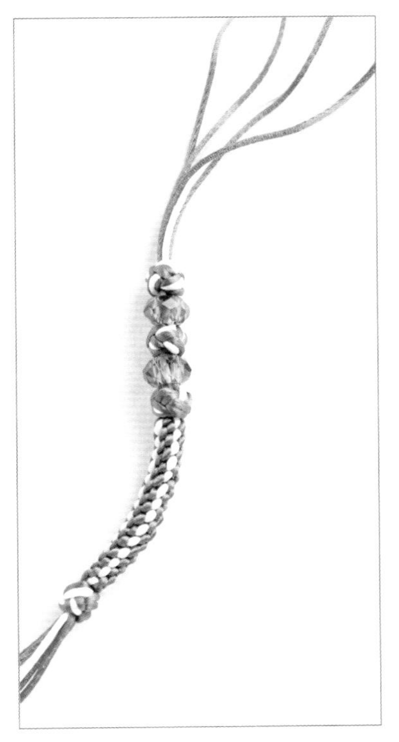

5.编至合适的长度，再打一个纽扣结。

6.另一边重复步骤3～5。

7.头尾相交，打七个平结，剪掉多余的线。

8.打凤尾结收尾。

洒脱

材料 cai liao

6号韩国丝50cm2条、200cm1条，72号线30cm1条、20cm14条，珠子

制作步骤

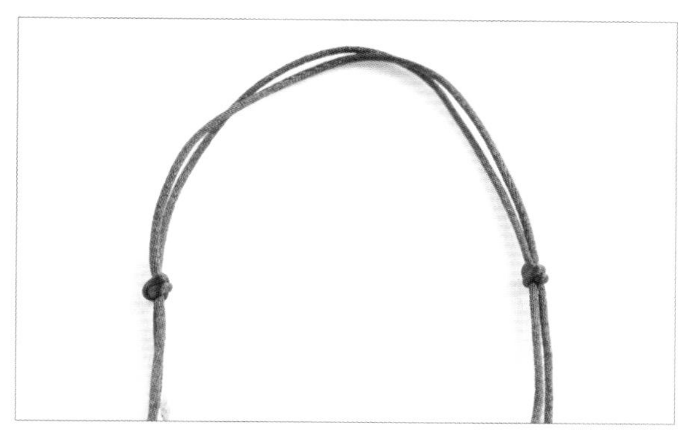

1.两条50cm的韩国丝并拢，打一个双联结，留出合适长度，再打一个双联结。

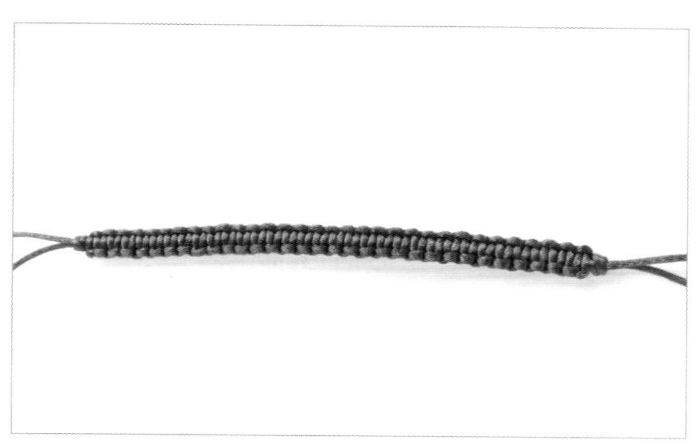

2.用200cm的线在两个双联结之间打双向平结，然后剪去多余的线头。

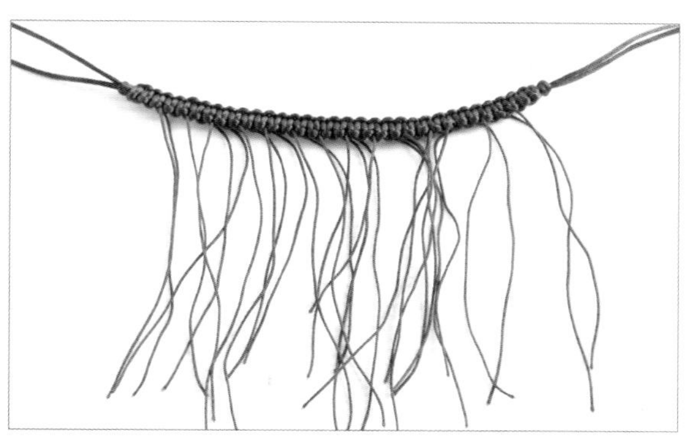

3.每隔一个平结加一条20cm的线。

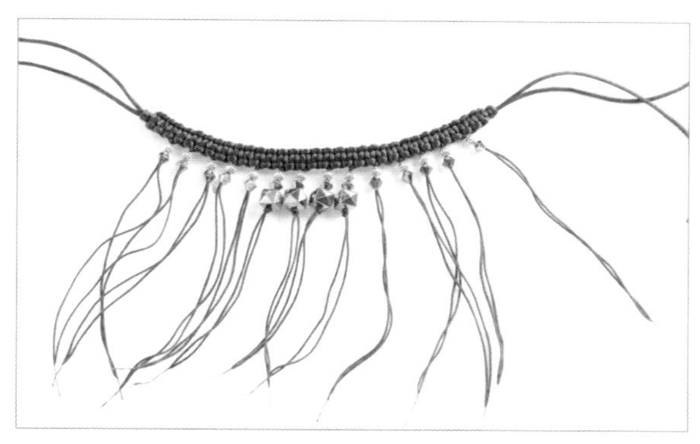

4.穿珠子。

5.剪去多余的线头。

6.用30cm的线打双向平结，穿尾珠，打结后剪去线头。

湖水

材料 cai liao

5号韩国丝600cm1条、200cm1条，72号线1束，珠子1颗，胶圈1个，流苏2条

制作步骤

1.长线对折，编一个金刚结，穿入珠子。

2.加入200cm的短线，包住长线编三个平结。

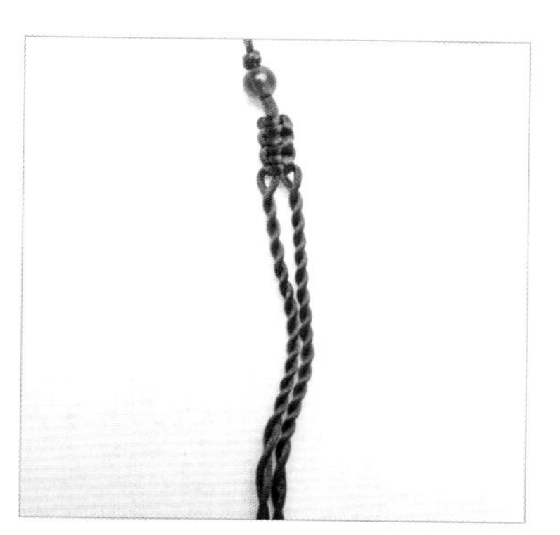

3.后加入的短线分别与长线编二股辫，如图所示。

4.编至合适的长度，两短线再包住长线编三个平结，然后剪去余线。

5.用余线包住中间的长线，编两段分开的平结，每段由三个平结组成。

6.长线包住胶圈，编一个酢浆草结。

7.绑流苏。

8.完成。

异 域

材料 cailiao

芊绵线250cm3条（已编织成带的线）

制作步骤

1.三条线比齐，留出30cm的长度后，用其中两条线包住一条线编一个双联结。

2.开始编三股辫。

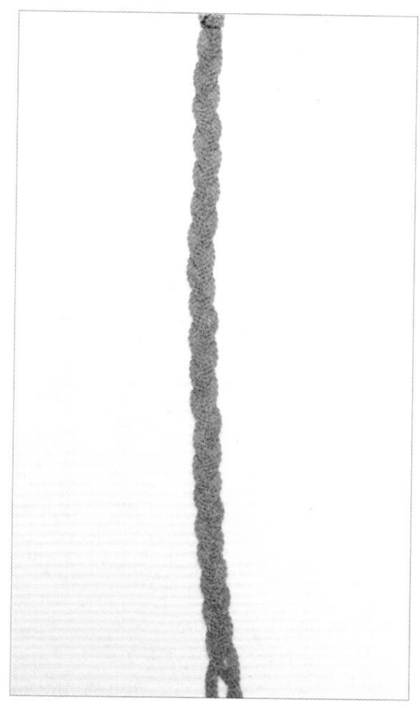

3.编至合适的长度。

4.然后编一个双联结固定。

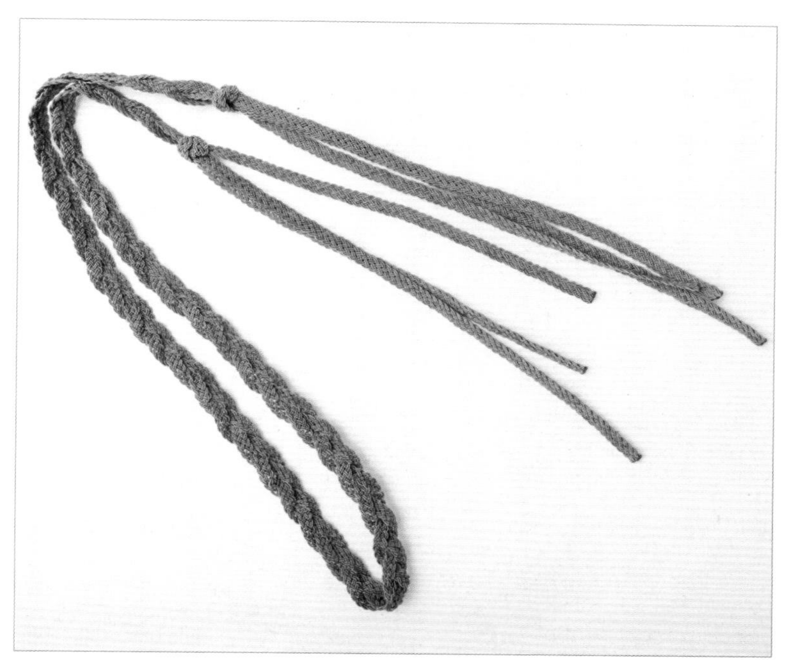

5.完成。

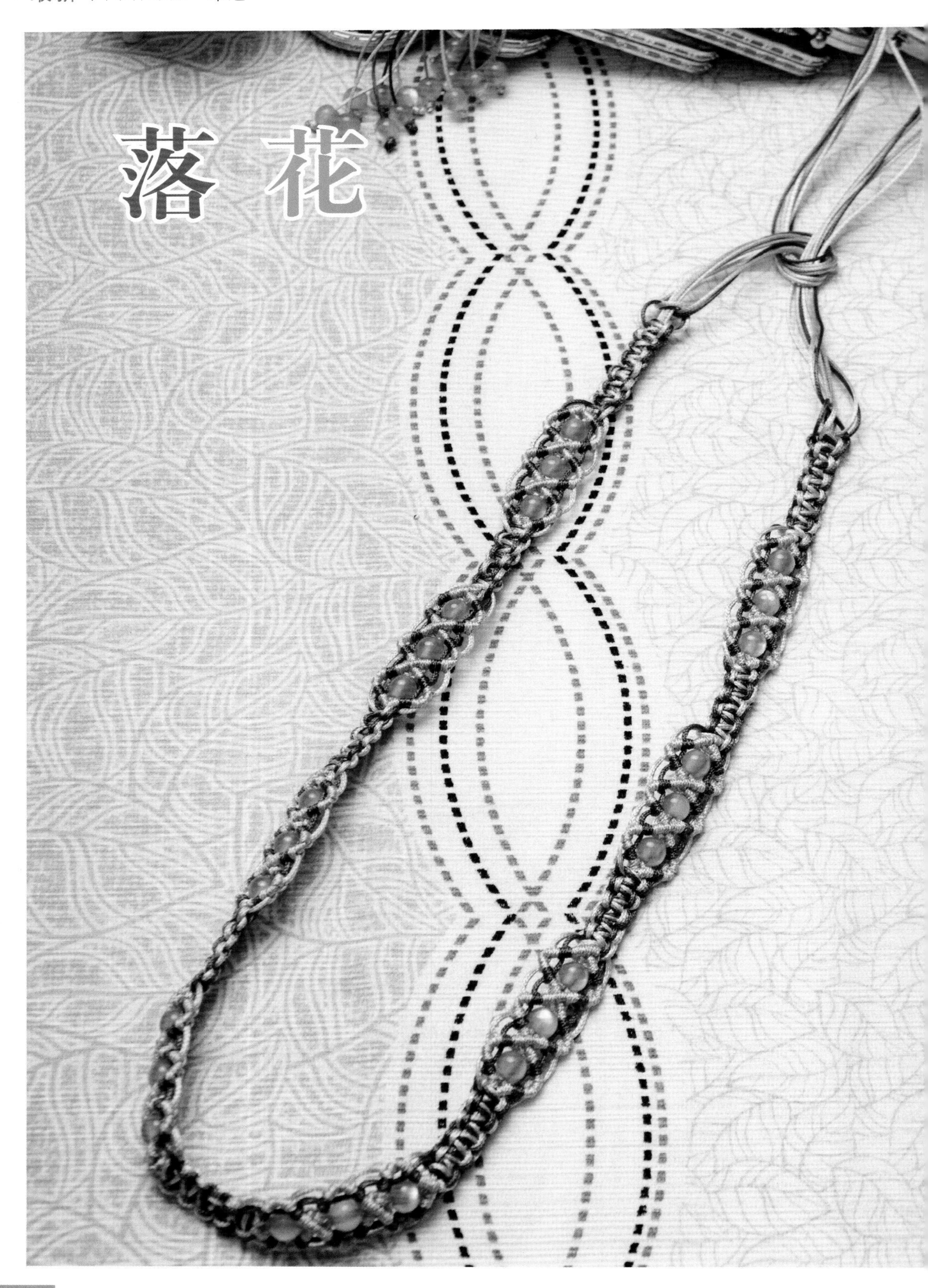
落 花

材料 cai liao

蜡绳400cm8条（草绿色、翠绿色、粉紫色、粉橘色各2条），珠子若干

制作步骤

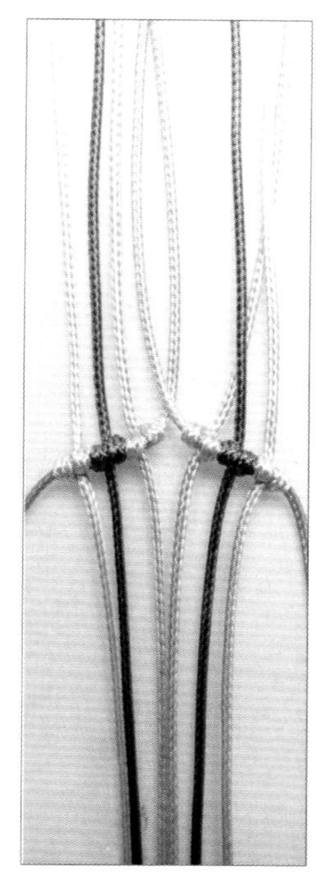

1.八条线比齐，以草绿色线为主线，其余线绕其各编一个斜卷结。

2.粉橘色线穿入一颗珠子，主线转个方向，其余线继续编斜卷结，然后左边主线绕右边主线编一个斜卷结。

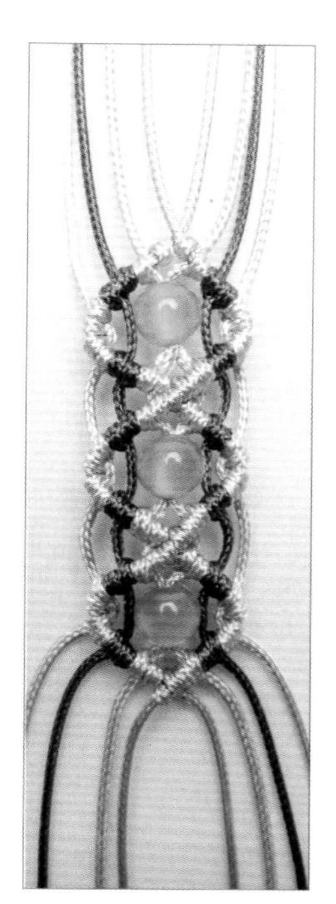

3.重复编斜卷结和穿珠子，如图所示。

4.然后翠绿色线和粉紫色线包住其余线编平结，两端各编四个平结。

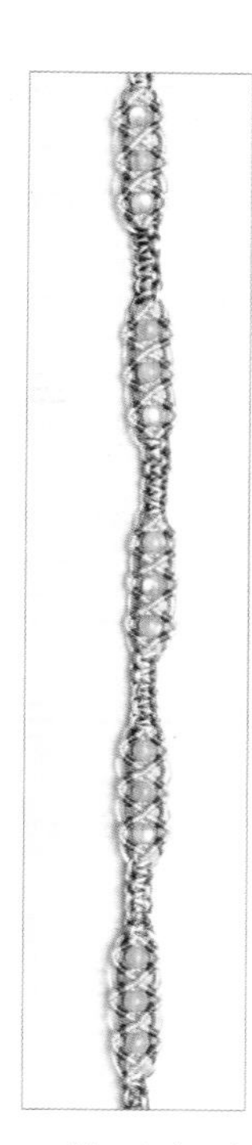

5.编至合适的长度。

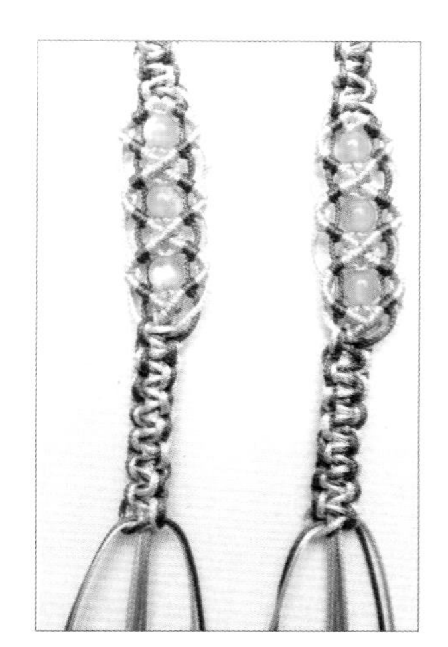

6.两头各编七个平结固定。

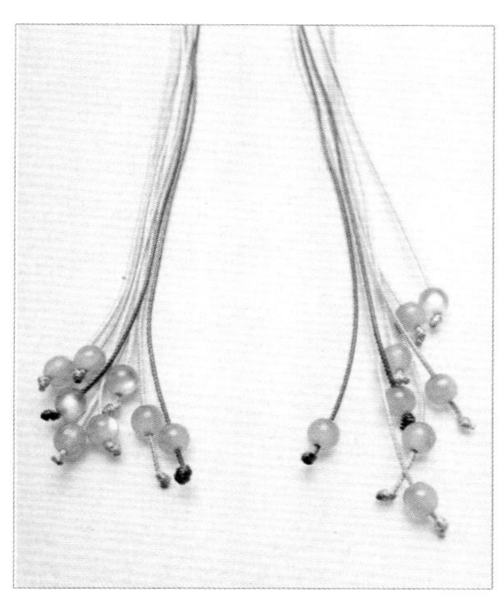

7.留出60cm长的尾线，穿珠子。

8.完成。

材料 cai liao

蜡绳400cm4条，珠子若干

制作步骤

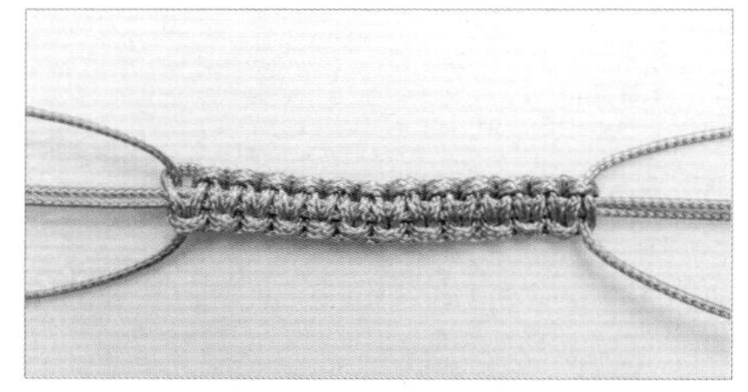

1.将四条线比齐，留出60cm长的线，中间两条线作为主线，旁边两条线包住主线编平结。

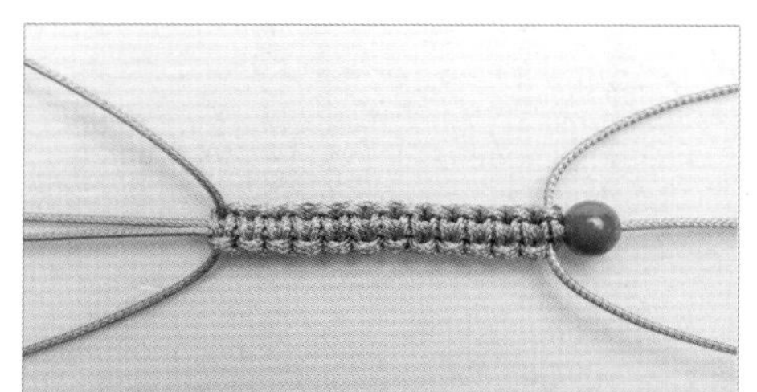

2.编13个平结，然后主线穿珠子。

3.重复编平结和穿珠子至合适的长度。

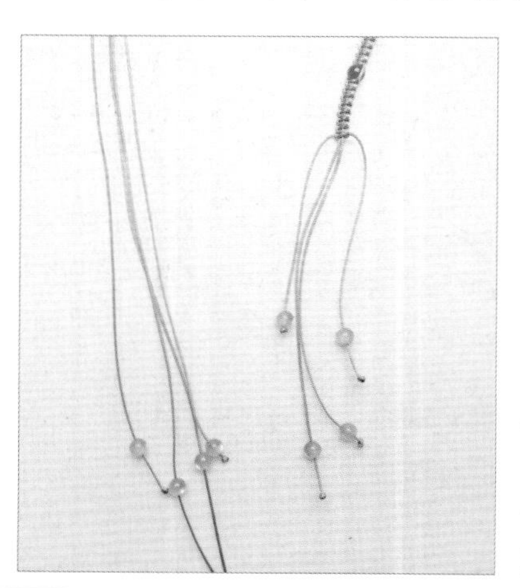

4.然后留出60cm的长度，再穿尾珠。

5.完成。

凤羽

材料 cai liao

A线50cm4条，水滴型配件1个，珠子4颗

制作步骤

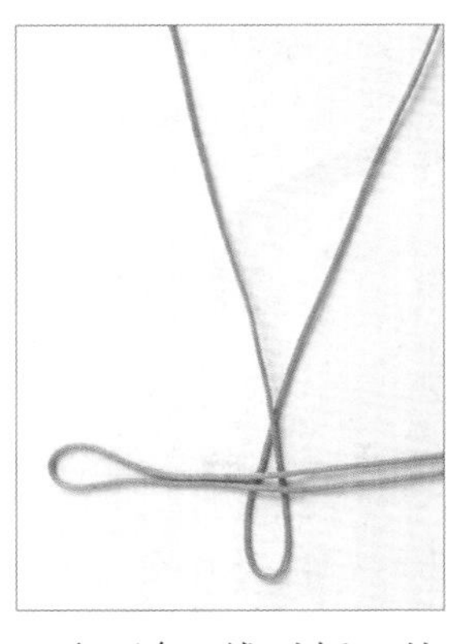

1.取两条A线对折，然后如图摆放。

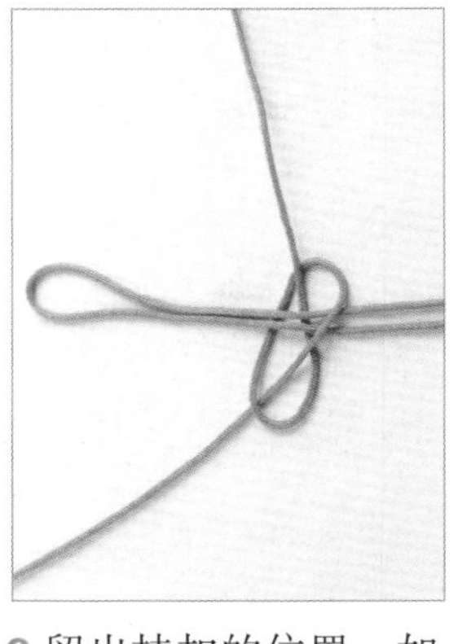

2.留出挂扣的位置，如图开始编平结。

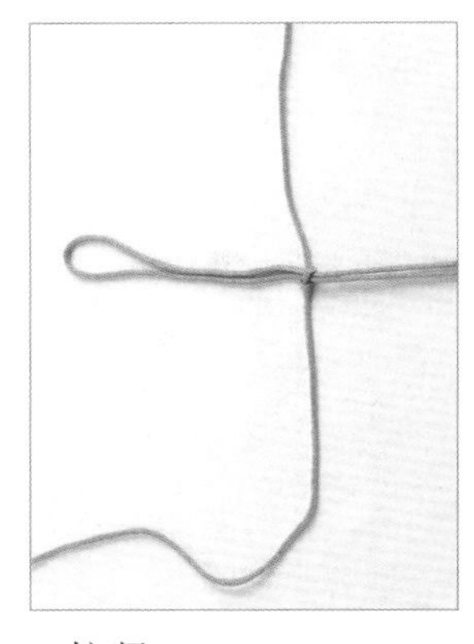

3.拉紧。

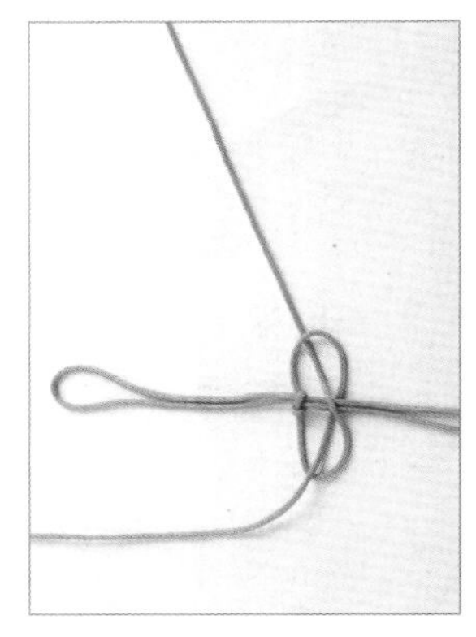

4.两段A线与步骤2的方向相反，编平结。

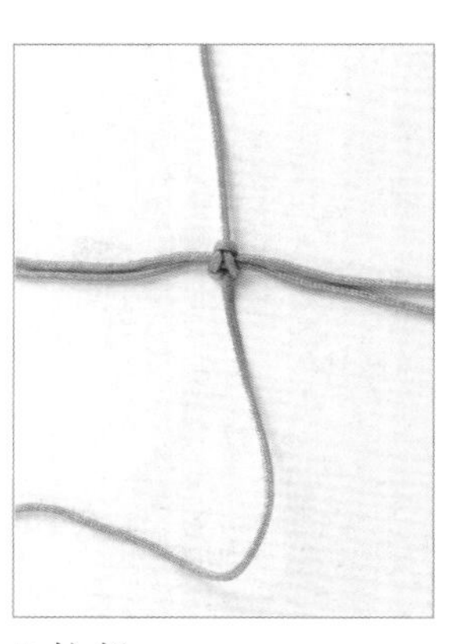

5.拉紧。

6.与步骤2～5同样编法，再编一个平结。

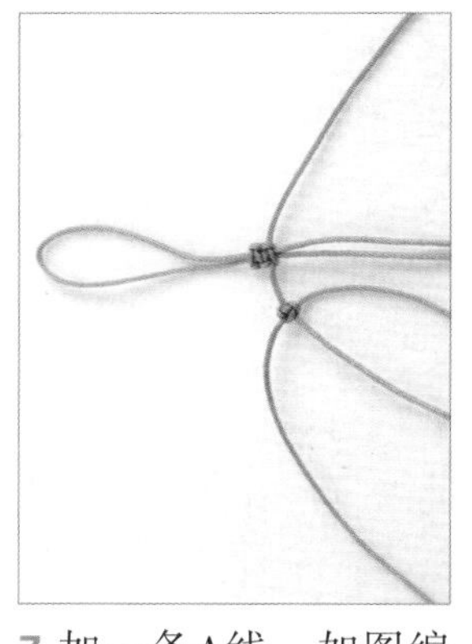

7.加一条A线，如图编一个平结。

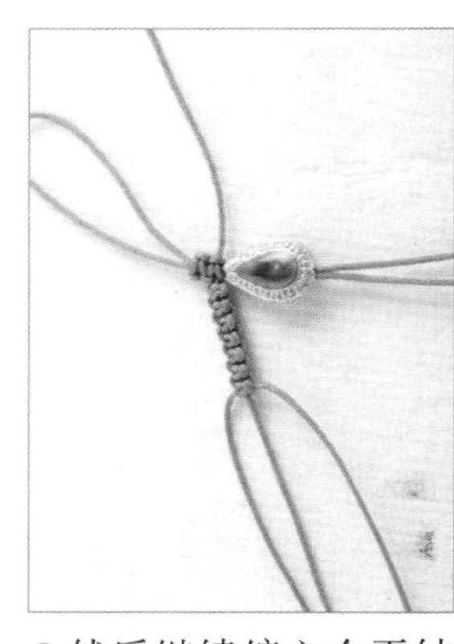

8.然后继续编六个平结，中间两线穿入配件。

9.另一边同样编法，加一条A线，编七个平结。

10.两侧的平结包住配件，用两条线包住其余线编两个平结。

11.两段线为一组，如图穿入珠子。

12.然后各编一个单结固定，去尾线即成。

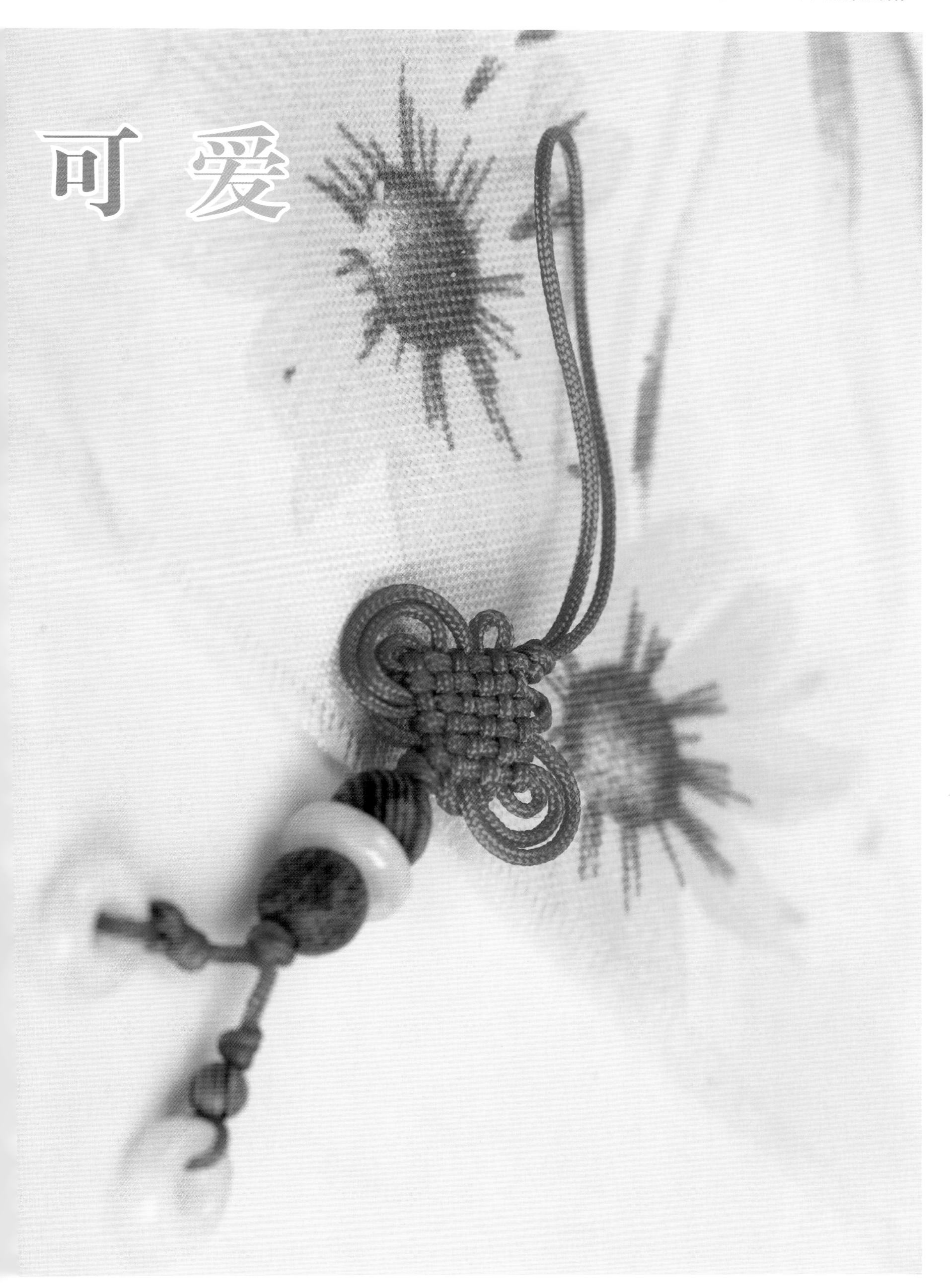
可 爱

材料 cai liao

A线110cm1条，木珠4颗，玉环3个，钉板，钩子

制作步骤

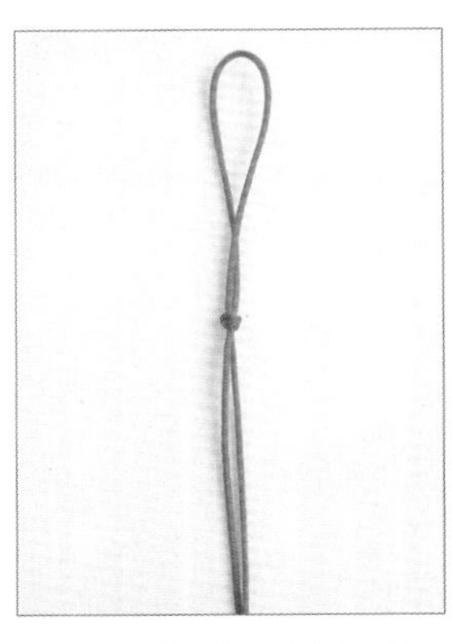

1.A线对折，留出挂扣的长度，编一个双联结。

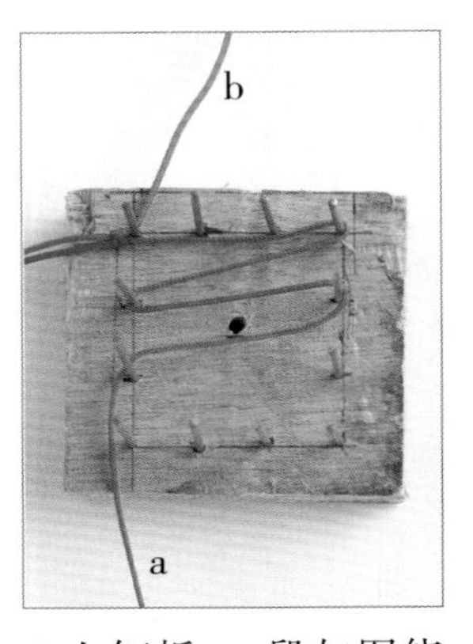

2.上钉板，a段如图绕线，做出横线。

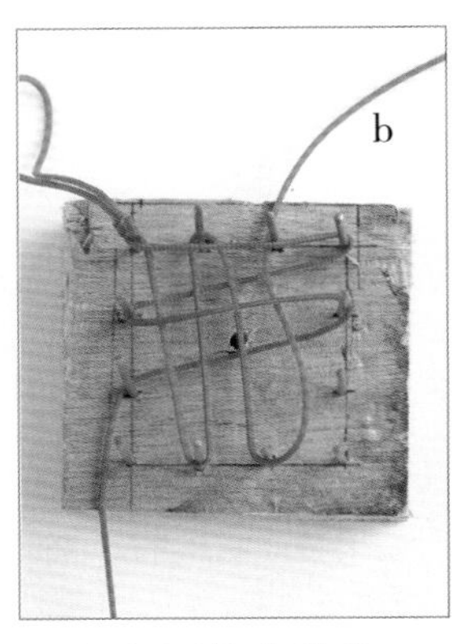

3.b段如图绕出纵线。

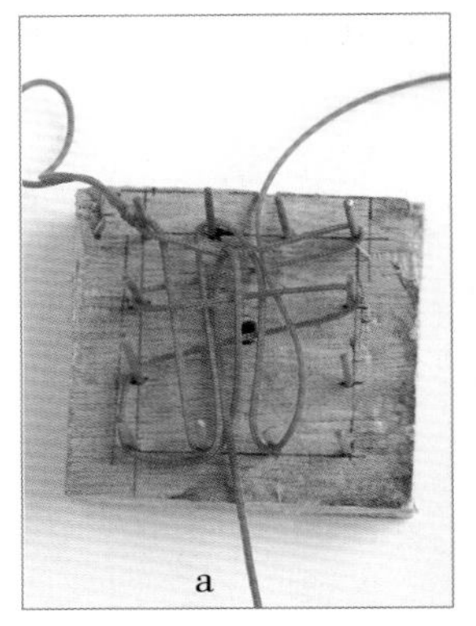

4.a段下绕三颗钉子，由上往下包住a段横线，下线压在上线穿出。

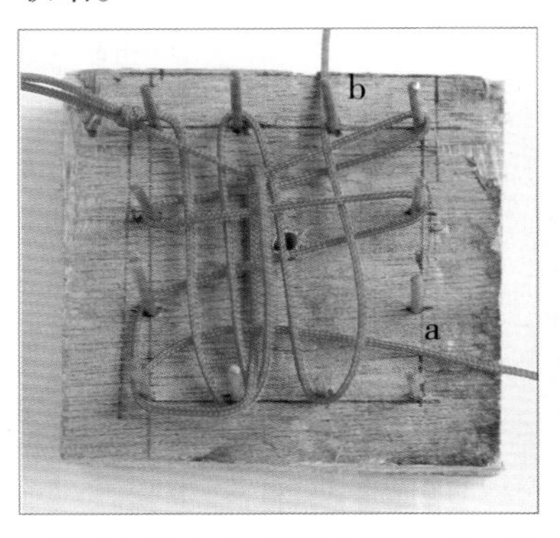

5.然后a段左绕两颗钉子，从b段纵线下，压着a段下纵线穿过。

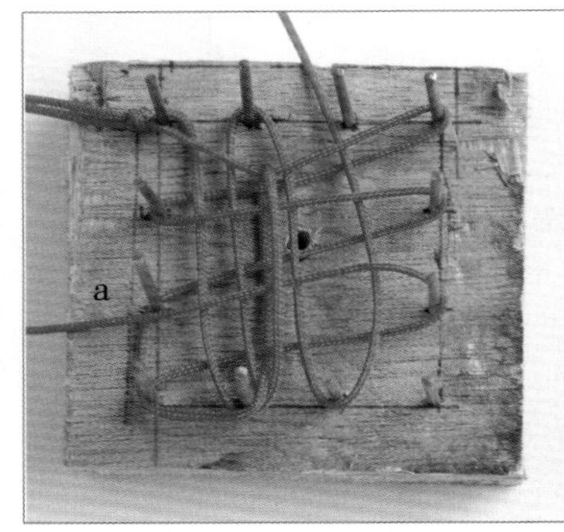

6.a段绕住右边由下往上数第二颗钉子，压着b段纵线，和a段下纵线，从a段上纵线穿过。

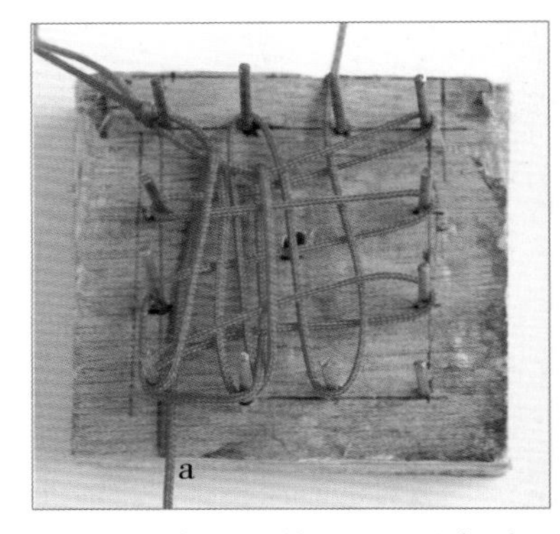

7.a段下绕一颗钉子，重复步骤4的编法，在最下面的横线下穿出。

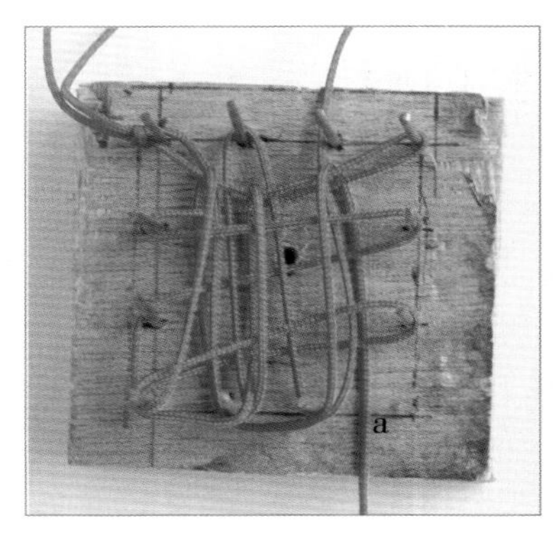

8.a段右绕两颗钉子，同样穿出纵线。

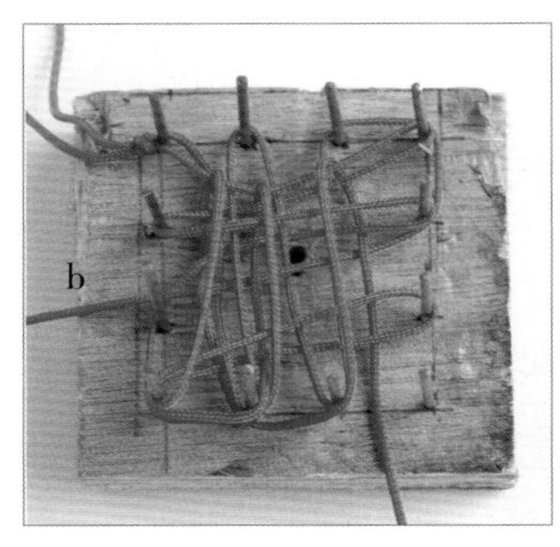

9.b段编法与a段类似，b段右绕三颗钉子，压着b段第一、三段纵线，挑起其他线，左穿b段。

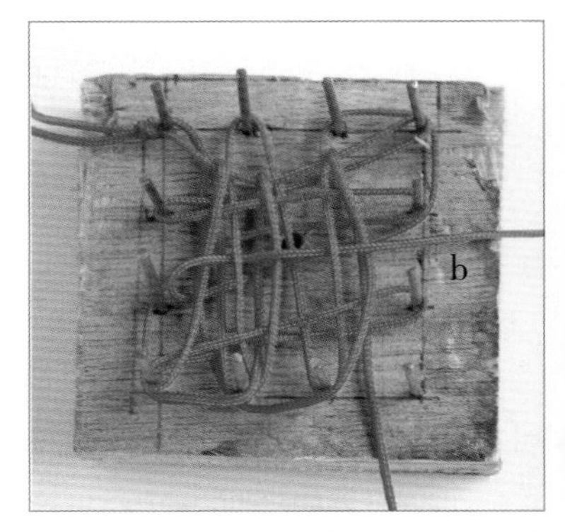

10.然后挑起b段第二、四段纵线，压着其他线回穿。

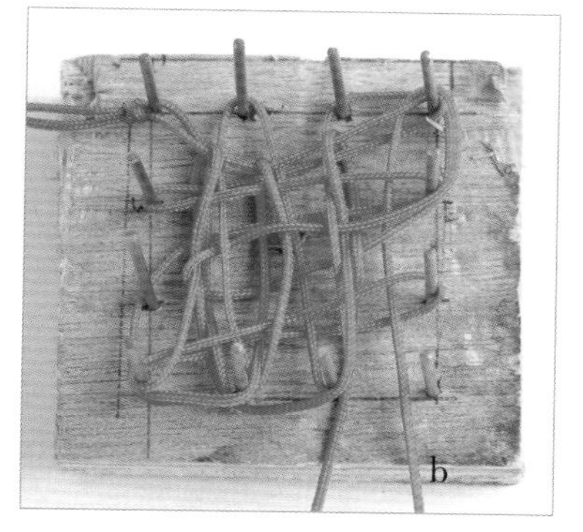

11.b段上绕两颗钉子，压着a段第二、四、六段横线，挑起其他线，下穿。

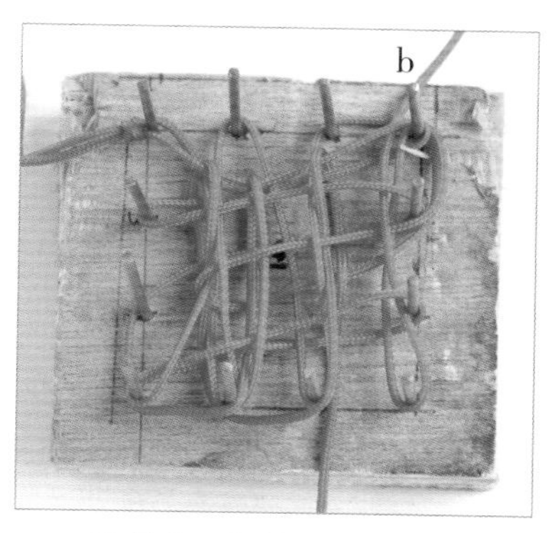

12.b段挑起a段第一、三、五段横线，压着其他线上穿。

13.b段右绕一颗钉子，压着b段第一、三、五段纵线，挑起其他线，左穿b段。

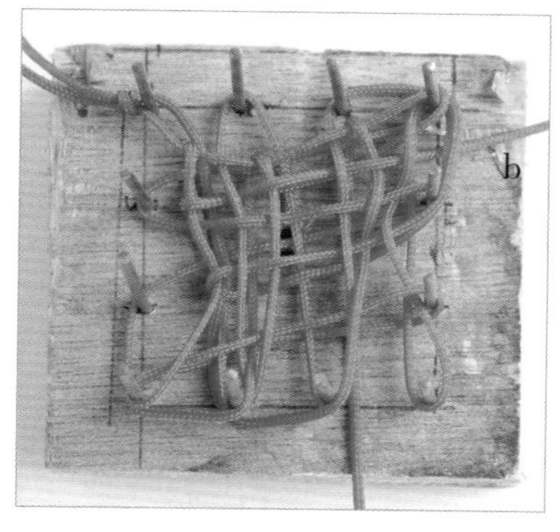

14.然后挑起b段第二、四、六段纵线，压着其他线，再从最右侧的两段纵线下穿出。

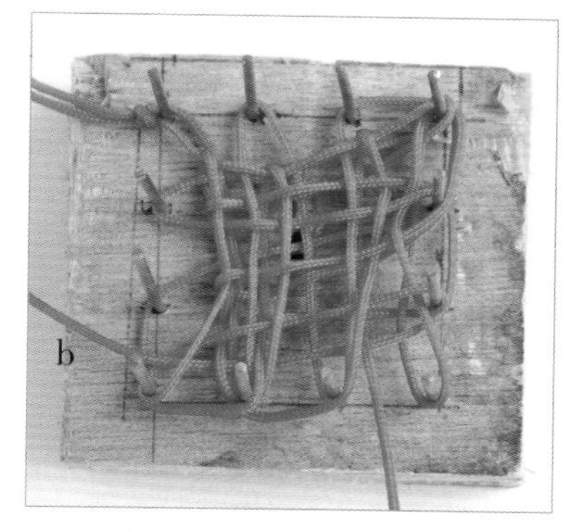

15.下绕两颗钉子，重复步骤13的编法。

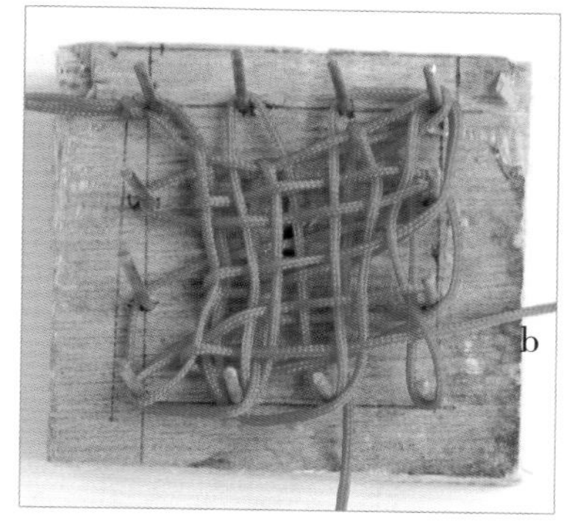

16.然后挑起b段第二、四、六段纵线，压着其他线回穿。

17.脱板，调整结体，再编一个双联结，完成一个复翼盘长结。

18.然后如图穿木珠，玉环。

19.剪掉余线即成。

光环

材料 cai liao

A线90cm2条（红色、土黄色各1条），七彩圆环1个，珠子若干

制作步骤

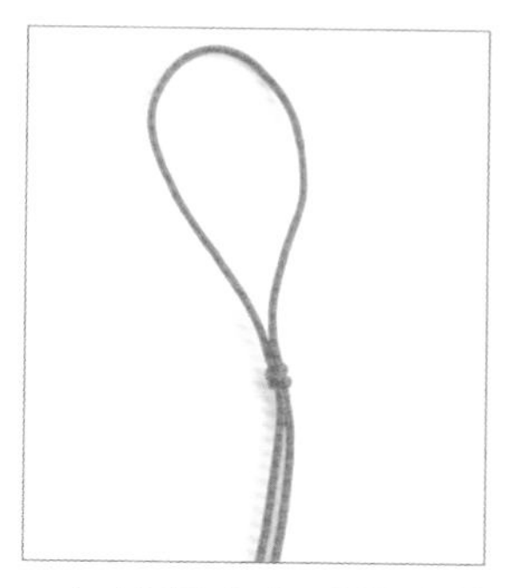

1.红线留出合适长度的挂耳，编一个双联结。

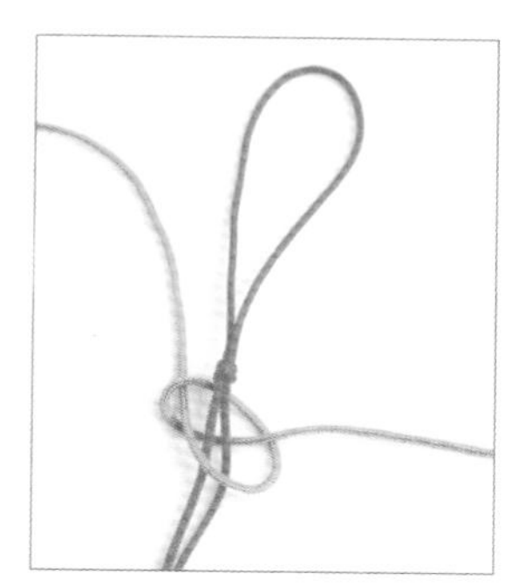

2.土黄色线对折，从中间处包着红线开始编平结。

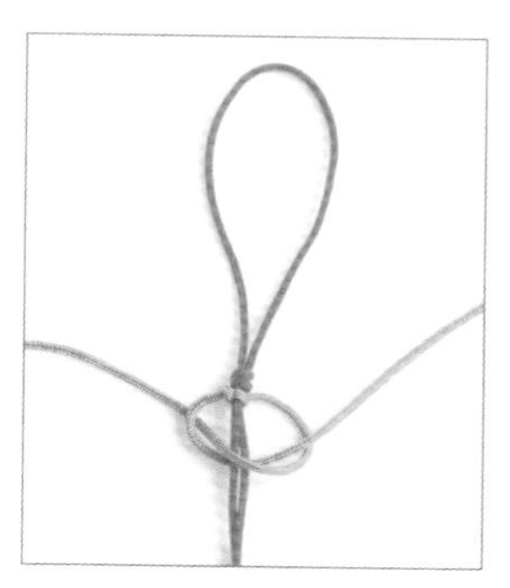

3.继续编平结。

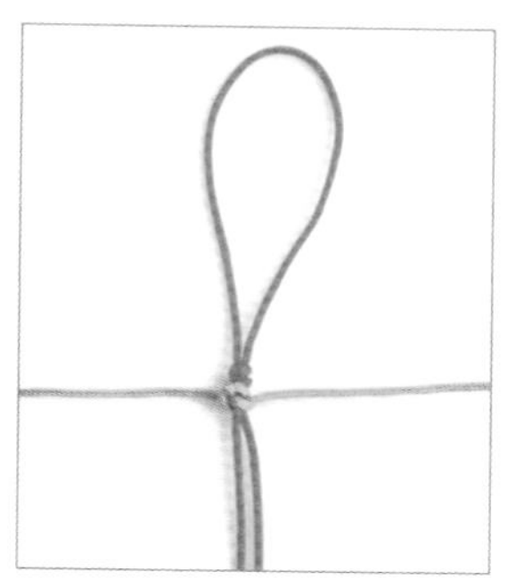

4.拉紧，完成一个单向平结。

5.编三个单向平结。

6.穿入一颗珠子，继续编两个单向平结。

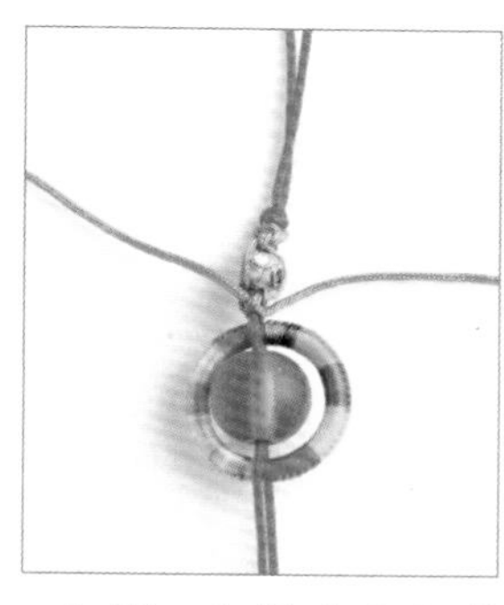

7.如图，红线穿入七彩环扣和珠子。

8.土黄色线穿过圆环上端，包住红线，编一个单向平结，再包住大珠子编一个平结。

9.土黄色线包住圆环下端红线，编三个单向平结。

10.右边土黄色线包住其中一段红线编两个雀头结，穿珠；再重复一遍。红线穿珠后编一个单结固定。

11.另一边同样编织。

12.去掉余线即成。

圣诞树

材料 cai liao

A线50cm9条，珠子7颗

制作步骤

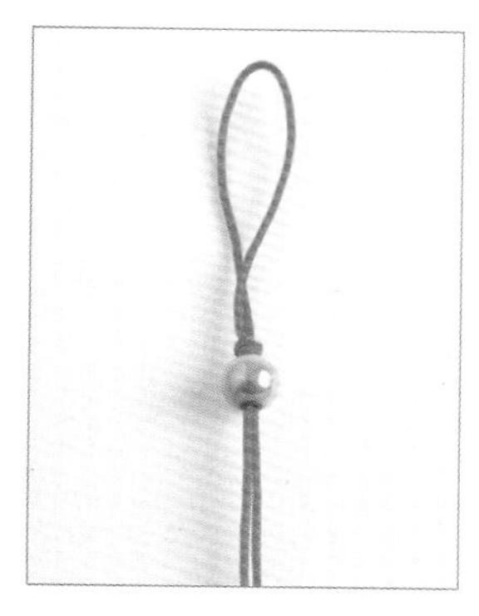

1.取一条A线对折，留出挂扣，编一个双联结，作为主线穿入一颗珠子。

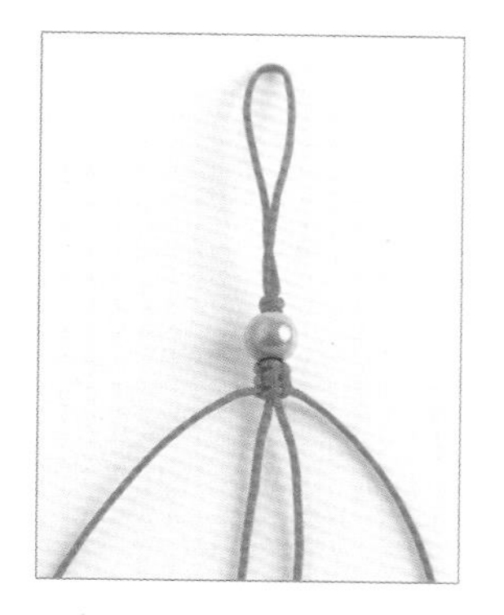

2.加一条A线，包住主线，开始编两个双向平结。

3.再加两条A线，与步骤2同样编法，分别编两个双向平结。

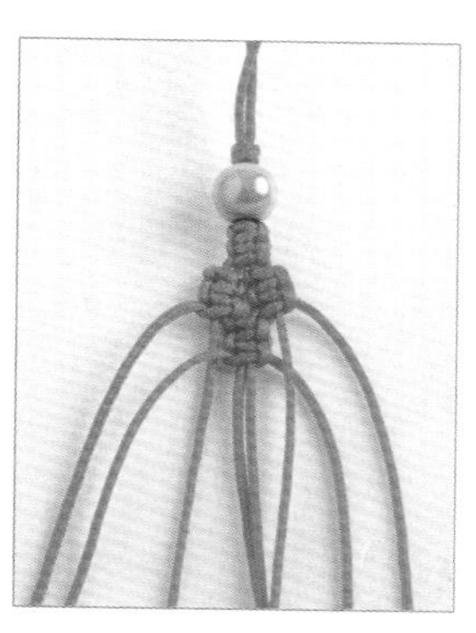

4.主线两边临近的线，包住主线编两个双向平结。

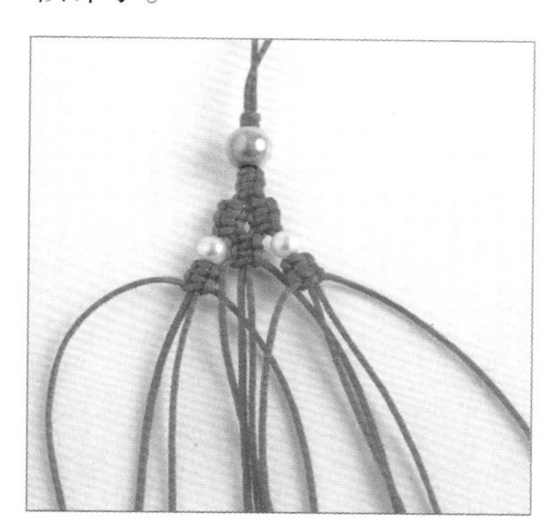

5.两边外侧的两条线分别穿珠子，再分别加一条线，包住穿珠线编两个双向平结。

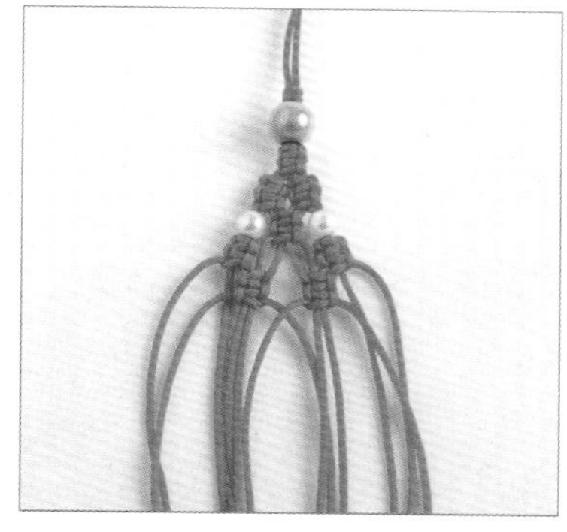

6.左侧由外往内数第三线和左侧主线，包住之间的两条线，编两个双向平结，右侧同样编织。

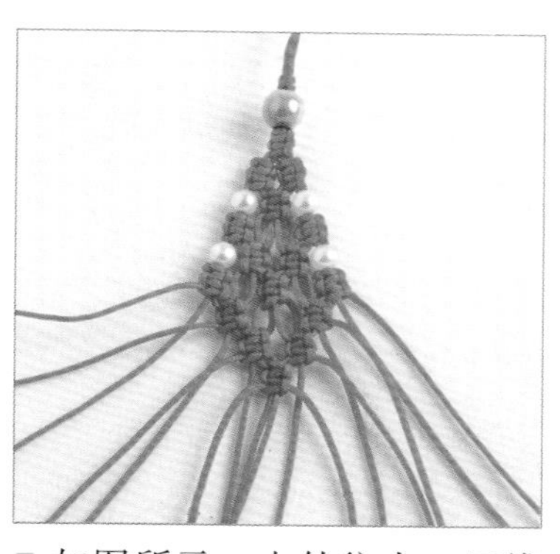

7.如图所示，由外往内，四线为一组，逐线编织双向平结。

8.再穿两颗珠子，继续编双向平结。

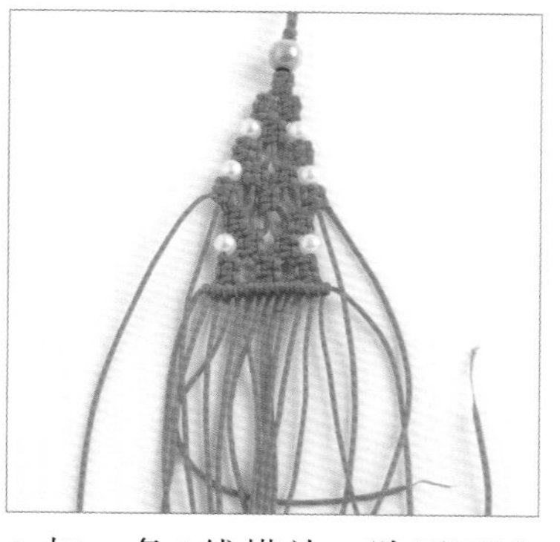

9.加一条A线横放，除了两边外侧各自的两线，其余线绕着横线各编一个斜卷结。

10.去掉余线，火烫线尾固定即成。

风 铃

材料 cai liao

A线100cm3条，珠子若干

制作步骤

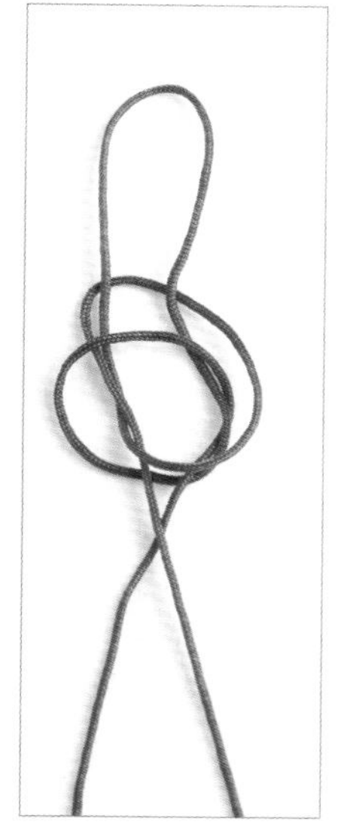

1.取一条A线对折，中间留出挂扣的长度，如图编一个双联结。

2.作为主线，拉紧成结。

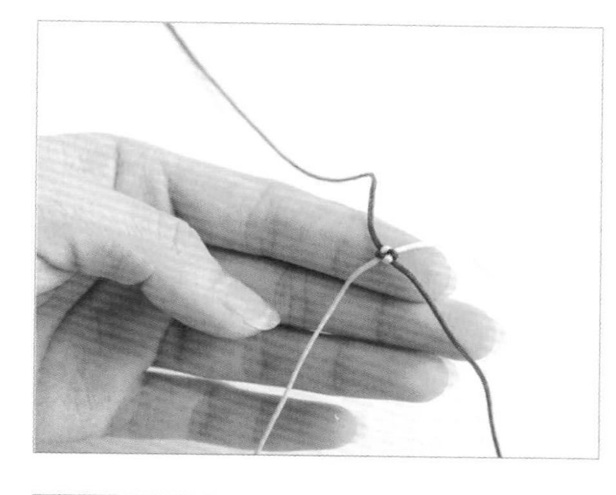

3.再取两条A线十字摆放，逆时针挑、压，编玉米结。

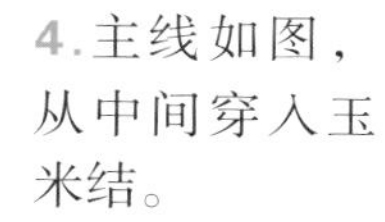

4.主线如图，从中间穿入玉米结。

5.绕着主线开始编圆形玉米结。

6.编至合适的长度，余线如图穿珠，穿长珠子的两条线编一个双联结，再穿珠子，最后所有线都编一个单结固定。

7.去掉余线即成。

古 堡

材料 cai liao

A线90cm3条、150cm1条，景泰蓝珠1颗，小饰珠8颗

制作步骤

1.将三条90cm的A线比齐，取150cm的长A线对折，在短线的三分之一处编一个单结。

2.然后长A线如图绕线。

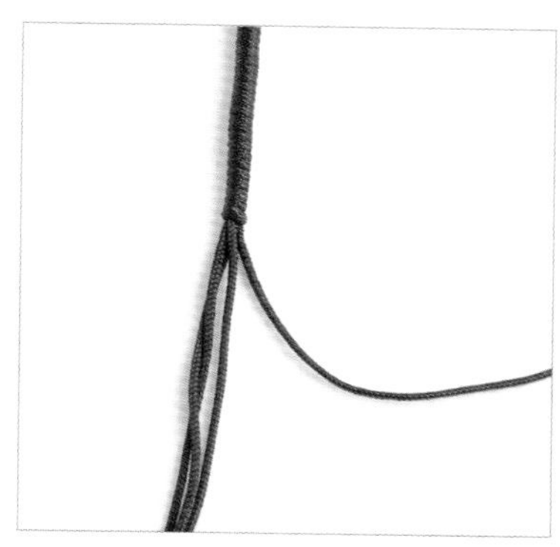

3.一直向短线长端绕线，绕至约12cm长度的线，编一个单结，拉紧固定。

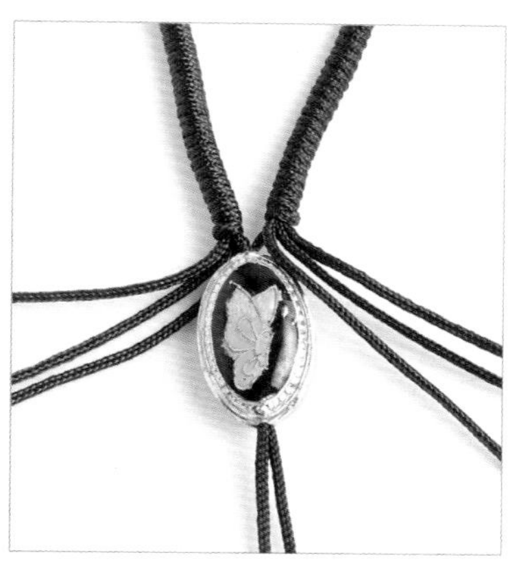

4.如图穿入景泰蓝珠。

5.左边三条线编八个双向平结。

6.右边同样编法。

7.然后取一条线，包住其余线做0.5cm长的绕线。

8.线尾分别穿入小饰珠，编单结。

9.去掉余线即成。

红白之战

材料 cai liao

A线240cm2条（一红一白），金线30cm1条，菠萝扣1个，钉板，钩针，针

制作步骤

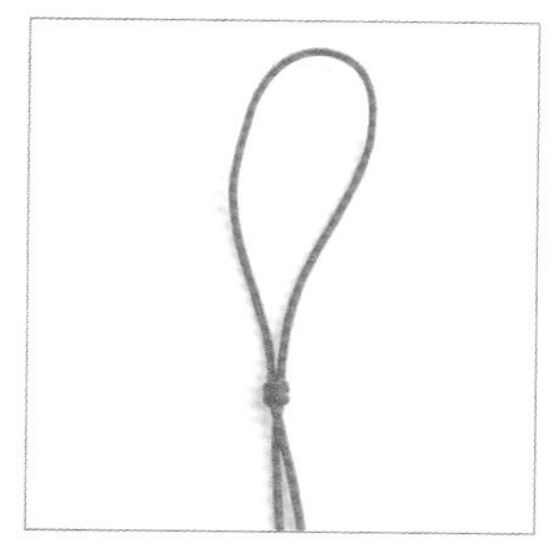

1.红线对折，留出5cm长度，编一个双联结。

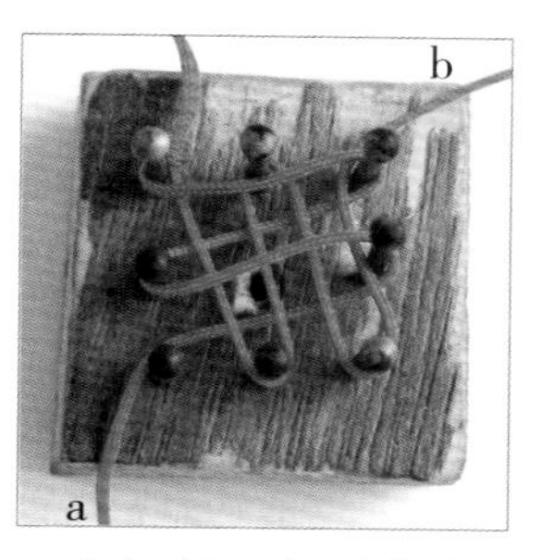

2.上钉板，如图绕出a段横线和b段纵线。

3.a段绕一颗钉子，由上往下包住a段横线穿出纵线，再右绕一颗钉子沿b段纵线上面走出一个耳翼。

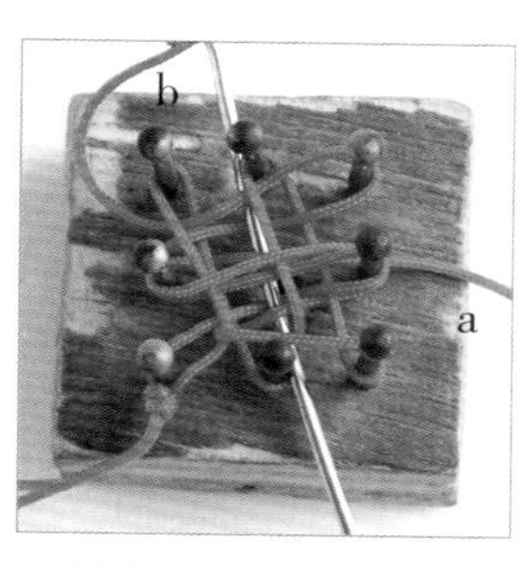

4.挑起a段的线，b段第二、四段纵线，压着其他线把钩子伸过去勾住b段。

5.左穿后，再挑起b段第二、四段纵线回穿，再重复一遍。

6.脱板，调整结体，做出六耳盘缠结，再编一个双联结。

7.用针穿金线，在六耳盘缠结中走线。

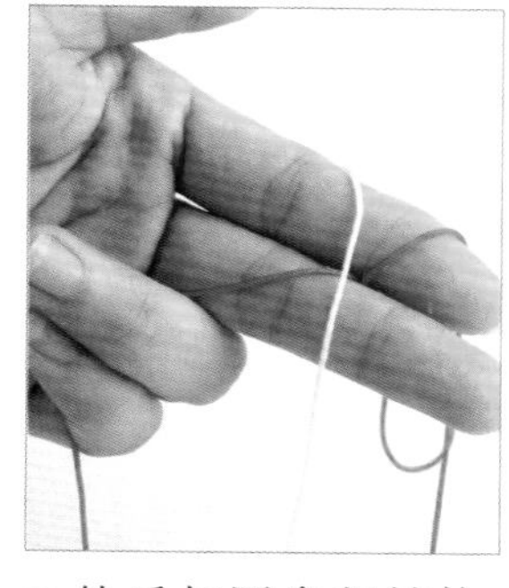

8.然后如图拿起结体下端，加一条线呈十字摆放。

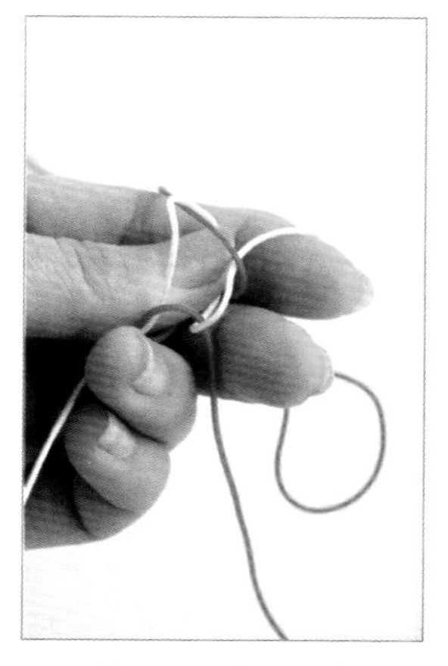

9.开始编圆形玉米结。

10.编至合适的长度，穿入菠萝扣。

11.余线在玉米结头部编一个单结固定。

12.去掉余线，调整菠萝扣即成。

金元宝

材料 cai liao

A玉线150com1条，股线1束，玉石莲花1件，玉石元宝1件，珠子若干

制作步骤

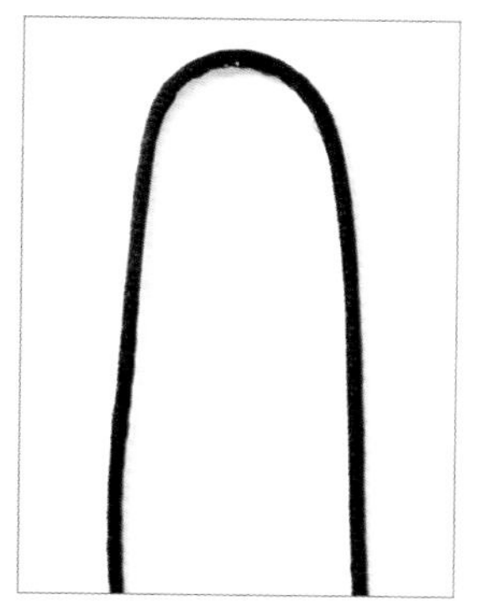

1.如图准备一条线。

2.准备一个钉板和钩针。

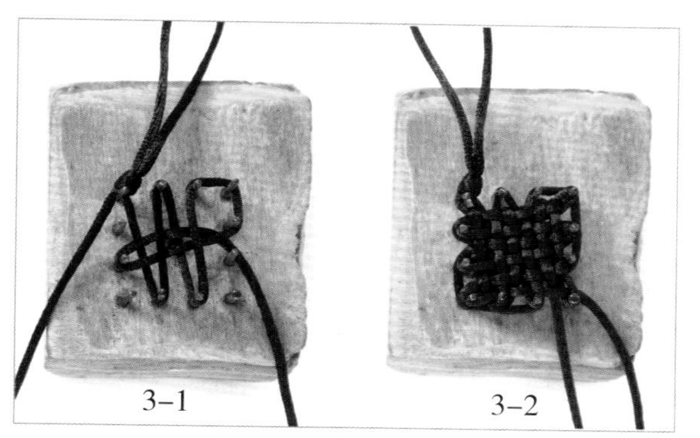

3.用线编一个双联结，然后用其中的一条线如图在钉板上面走线，完成一个复翼盘长结。

4.将复翼盘长结的结体调整好。

5.准备如图所示各种配件。

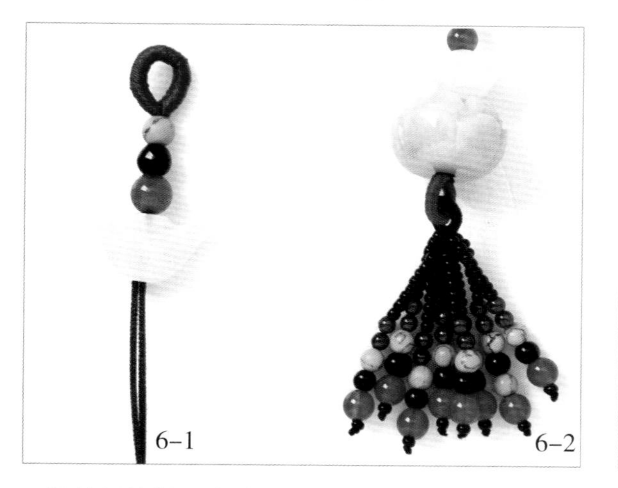

6.另外用线做一个线圈，然后如图依次穿入各式配件。

7.用复翼盘长结下端的线系好步骤6 中做好的配件即可。

啼 鸣

材料 cai liao

4号韩国丝100cm1条、40cm1条，双钱结配件1个，绕线2束（不同色的各1束），
金线、银线各1束，塑胶圆环1个，玉配件1个，带菠萝扣流苏1条

制作步骤

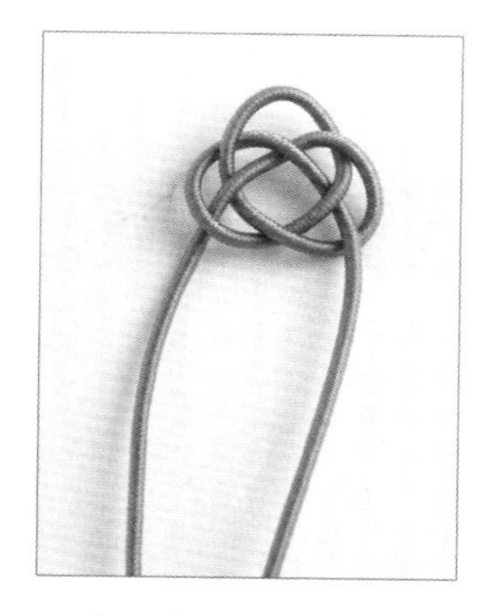

1.取一条绕线，从中间开始编一个双钱结。

2.用另一个颜色的绕线沿着双钱结走一遍。

3.隔适当的长度，同样的编法，各编一个双钱结。

4.两边和在一起编一个双线双钱结。

5.用第一条绕线包住另外的线，编一个双联结。

6.40cm的韩国丝，穿过双钱结上端后对接。

7.用金线在韩国丝接口的地方作为绕线。

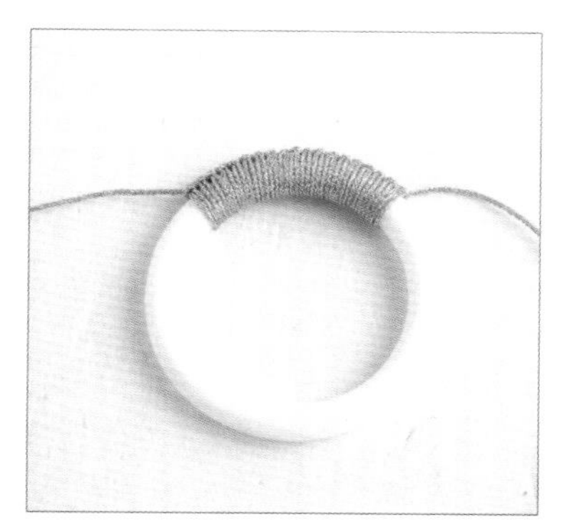

8.在圆环的四分之一的部分，用金线编雀头结。

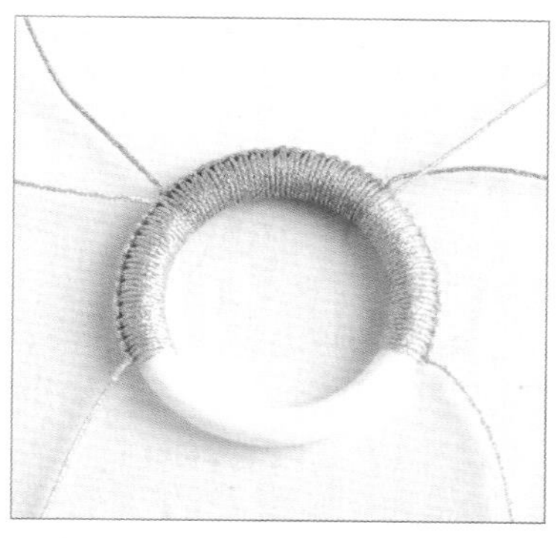

9.在两边，用银线再分别编四分之一的雀头结。

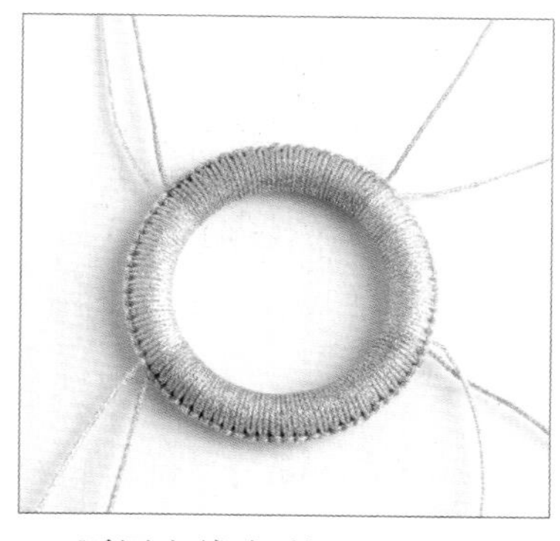

10.再用金线在剩下的部分编雀头结。

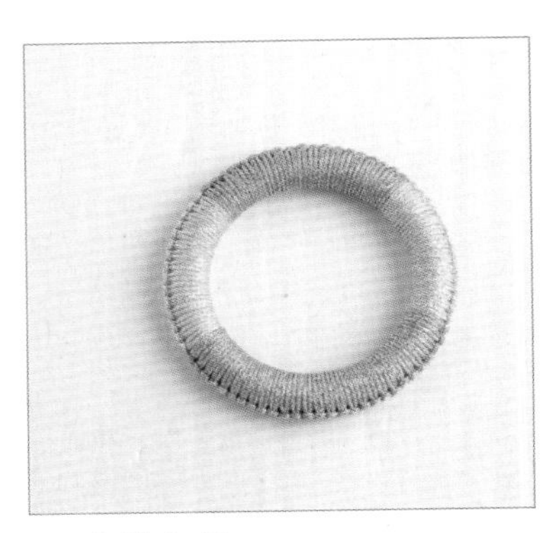

11.去掉余线。

12.双钱结的余线包住一条金线和圆环，编一个单结固定，然后去掉余线。

13.穿入玉配件，编一个单节固定，剪掉余线。

14.穿入双钱结配件，两头用100cm的韩国丝穿起来。

15.韩国丝开始编八边纽扣结。

16.两线如图绕线挑、压。

17.如此，两边各绕4次，最后线头从最中间的位置下穿。

18.拉紧，调整成结。

19.穿流苏，即成。

玉莲

材料 cai liao

A线240cm2条、100cm4条，珠花1个，玉环2个，珠子1颗，流苏帽1个，流苏线1束

制作步骤

1.取两条长A线，比齐，如图编一个蛇结。

2.拉紧成结。

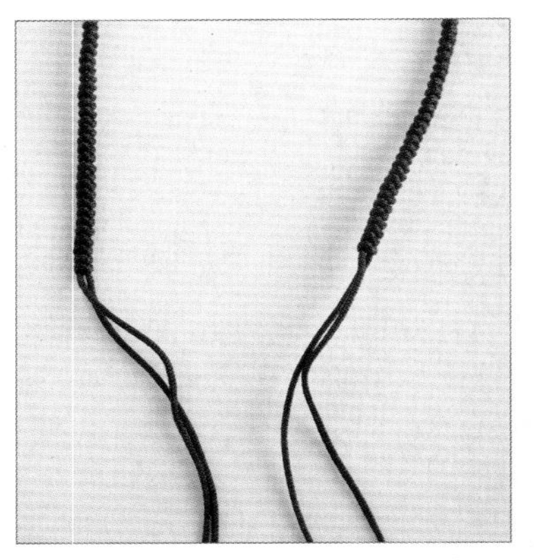

3.重复编织蛇结至30cm长。

4.用两条线包住余线编一个双联结，做成线圈。

5.去掉余线。

6.线圈穿入两个玉环。

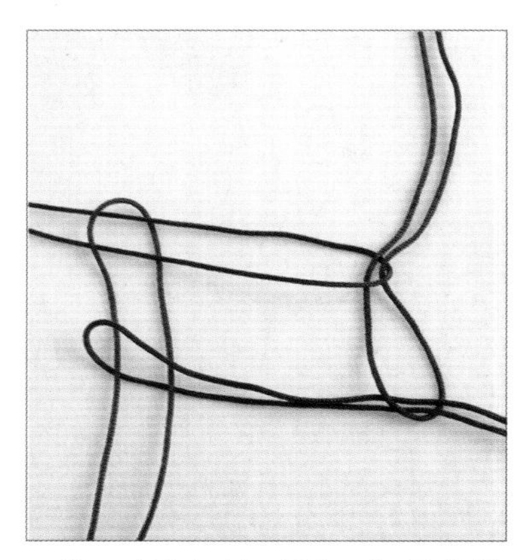

7.将四条短A线对折，如图穿线。

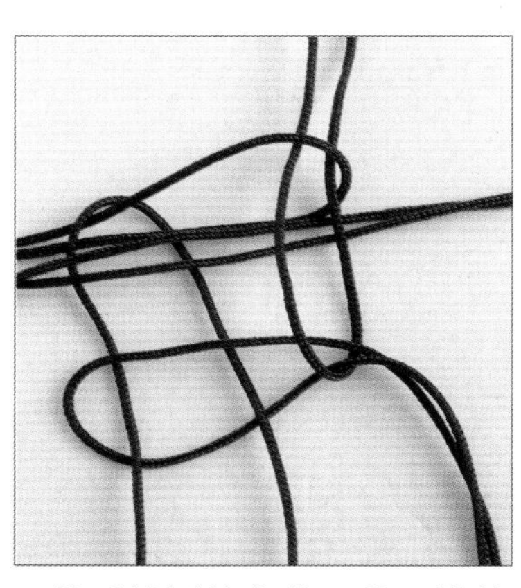

8.然后线圈的余线，从四线的中间穿进去。

9.拉紧，成一个玉米结。

10.中间的线不变，四周的线正反交替编方形玉米结，共编五下。

11.中间的线穿入珠子。

12.四周线分别编12个蛇结。

13.中间的线保持不动，然后四周的线编玉米结，正反交替，共编七下。

14.用两条线包住其余线编一个双联结。

15.保留中间的线，余线去掉，用火烫固定。

16.穿入珠花，再编一个双联结。

17.穿入流苏帽，如图绑流苏。

18.整理流苏，修齐线尾即成。

喜庆连连

材料 cai liao

B线200cm1条，72号线20cm1条，流苏2条（自带菠萝扣），金属配饰1个，珠子若干

制作步骤

1.B线对折，留出挂耳的长度，然后编一个双联结。

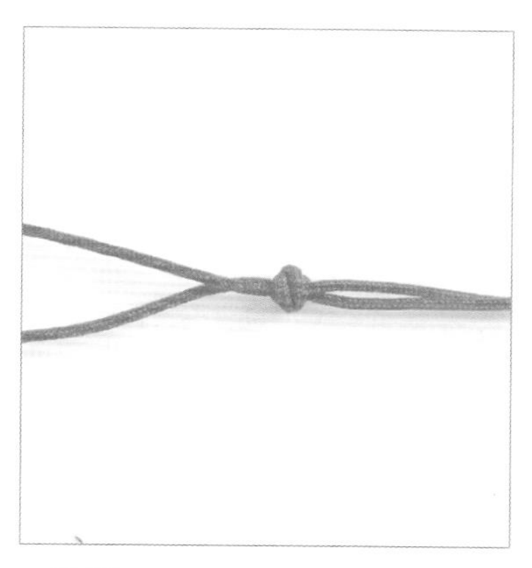

2.拉紧。

3.两边编一个三耳酢草结。

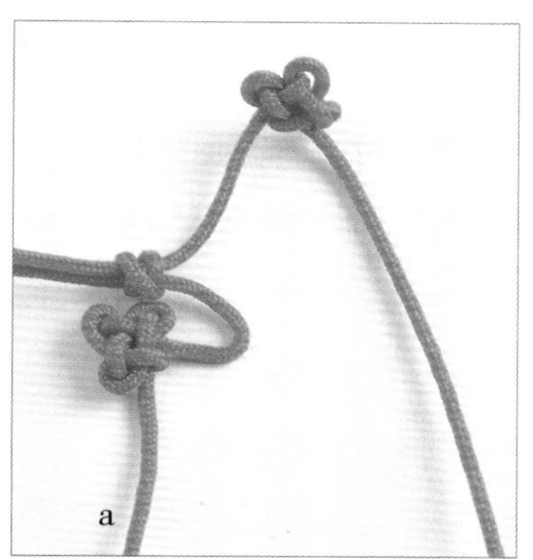

4.a段如图做出一个耳翼。

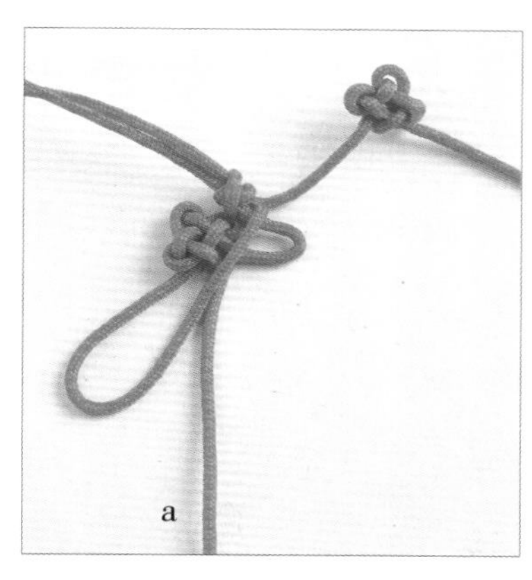

5.a段再做一个耳翼套住前一个耳翼，如图所示。

6.b段做出一个耳翼，插进a段第一个耳翼里。

7.b段穿过b段第一个耳翼，再穿进a段下方的耳翼，从线底穿出。

8.b段再穿回b段第一个耳翼。

9.拉紧成一个双耳酢草结。

10.留出适当的距离，如图，隔一小段长度编三个三耳酢草结。

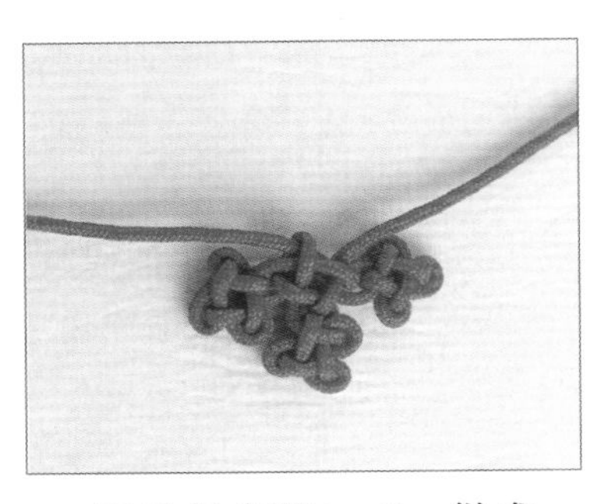

11.再重复步骤4～9，做成一个双耳酢草结。

12.另一边同样编法。

13.然后a段如图编织，a段绕b段一圈，再做一个耳翼插到圈里，开始编表带结。

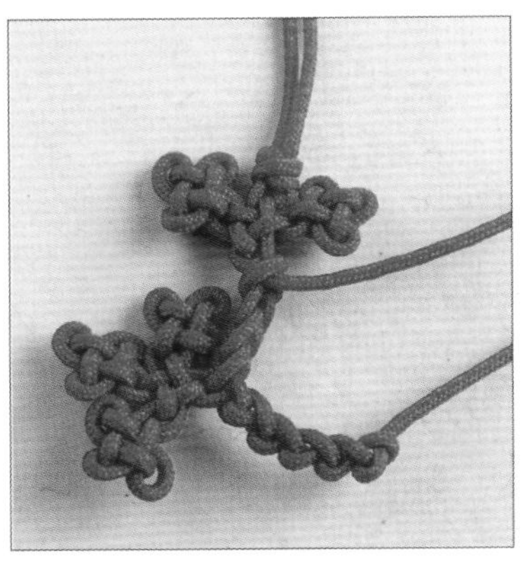

14.如图编织出一段合适的长度。

15.另一边同样编法，编表带结。

16.取短B线如图穿入金属配件。

17.然后a段、b段包住短B线编一个双联结，去掉余线，穿一个珠子，再编一个双联结，穿珠子、流苏。

18.修齐线尾即成。

雍容华贵

材料 cai liao

A玉线40cm3条，流苏线1束，股线，珠子

制作步骤

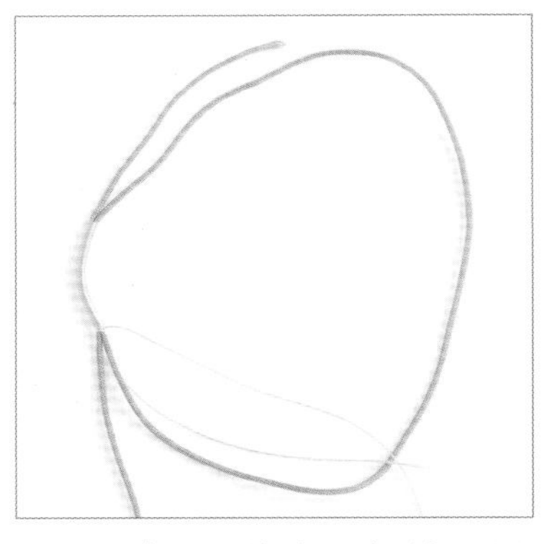

1.取一条A玉线交叉摆放，用股线绕2cm。

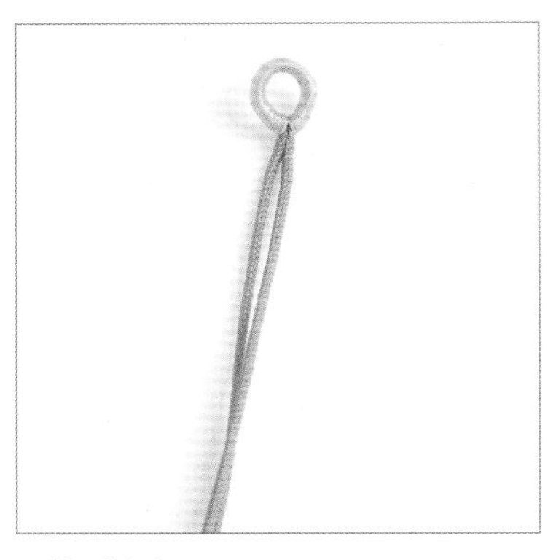

2.拉成圈。

3.另取一条A玉线，如图穿入珠子。

4.处理好线尾，制成一个珠圈。

5.用拉圈的余线同穿入一颗珠子、珠圈，绑流苏，穿珠子，编一个单结固定。

6.整理好流苏。

7.另取一条A玉线，留出挂耳，编一个双联结，穿珠子，用单线穿过拉圈。

8.回穿珠子，编一个秘鲁结。

9.完成。

归家

材料 cai liao

A玉线100cm1条，72号线100cm1条，流苏线1束，股线，珠子

制作步骤

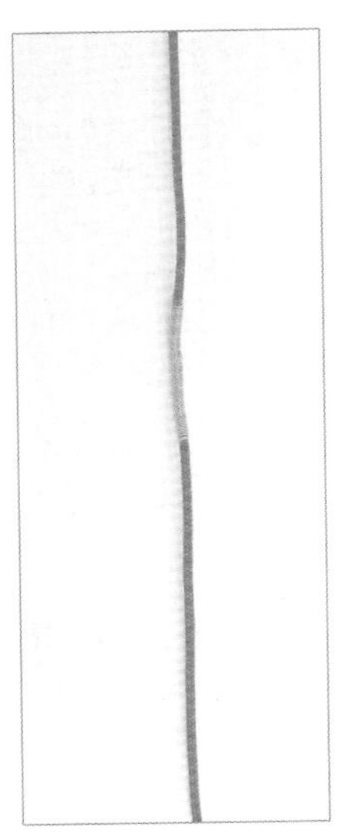

1.取一条A玉线，用股线在中部绕1.5cm的长度。

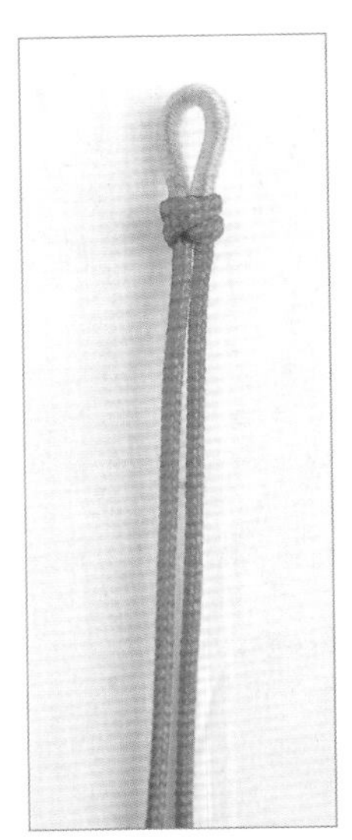

2.对折，编一个双联结，是绕线部位为挂耳。

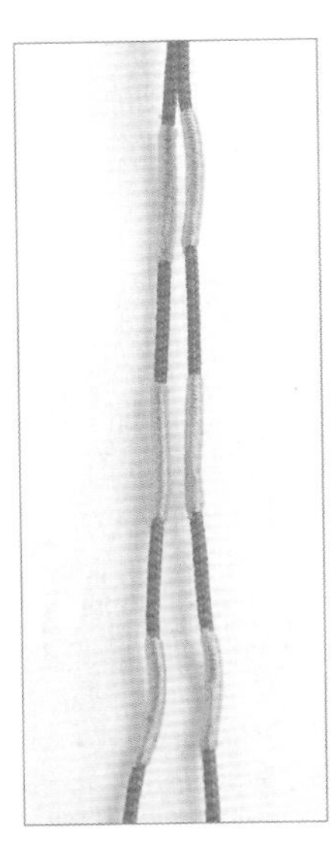

3.同样步骤再绕六段线。

4.两条线各编一个三耳酢浆草结。

5.然后合在一起编一个双耳酢浆草结，打一个双联结固定。

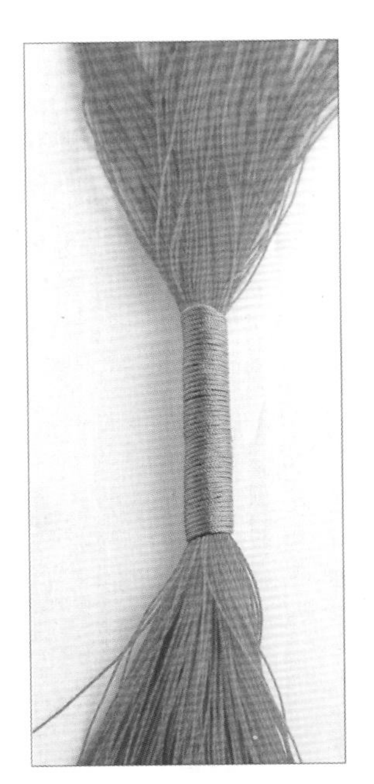

6.用72号线包住一束流苏线绕线4.5cm长。

7.剪掉余线，弯成半圆。

8.A玉线跨过流苏，穿一颗珠子，打一个双联结。

9.用股线如图绕线，然后修齐流苏尾即成。

幽冥

材料 cai liao

绕线80cm1条，网面珠子1颗，流苏1条

制作步骤

1.绕线对折，留出挂扣的长度，然后编一个双联结。

2.然后两段线编一个双线双钱结。

3.拉紧结体。

4.左线编一个单线双钱结。

5.调整结体位置，然后拉紧。

6.右边线同样编法。

7.两段线再编一个双线双钱结。

8.拉紧，然后编一个双联结。

9.穿珠子，流苏即成。

红与黑

材料 cai liao

A玉线50cm12条，流苏线，木珠子

制作步骤

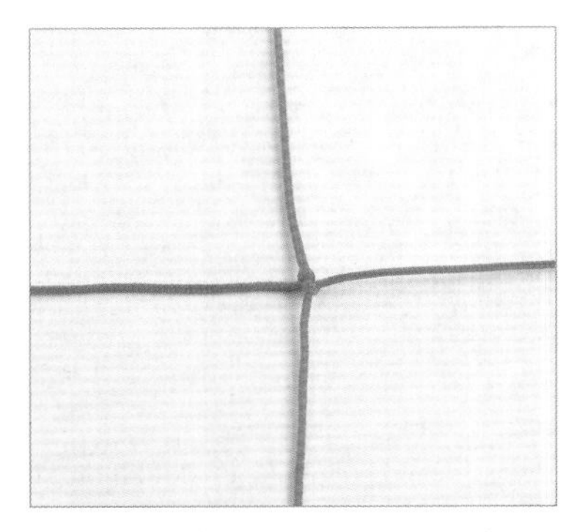

1.竖摆一条线做主线，在中间加一条线，打一个斜卷结。

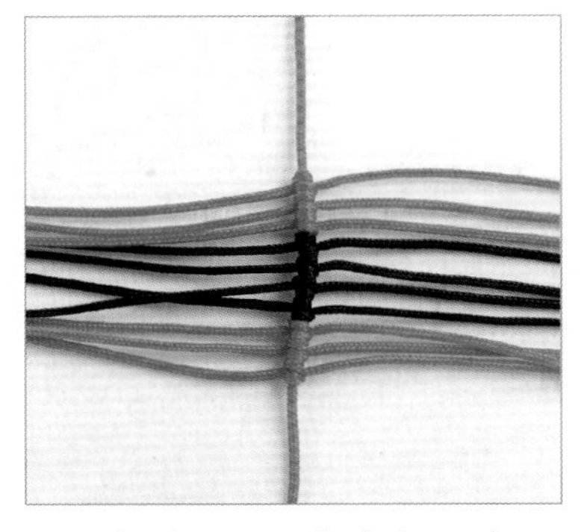

2.重复步骤1，依次加两条红线、四条黑线、三条红线，各打一个斜卷结。

3.在主线的左边，竖摆一条红线在横线上。

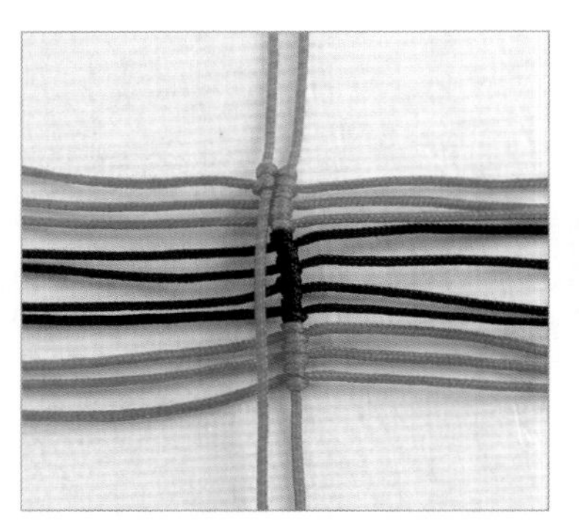

4.横线从上往下依次打一个斜卷结。

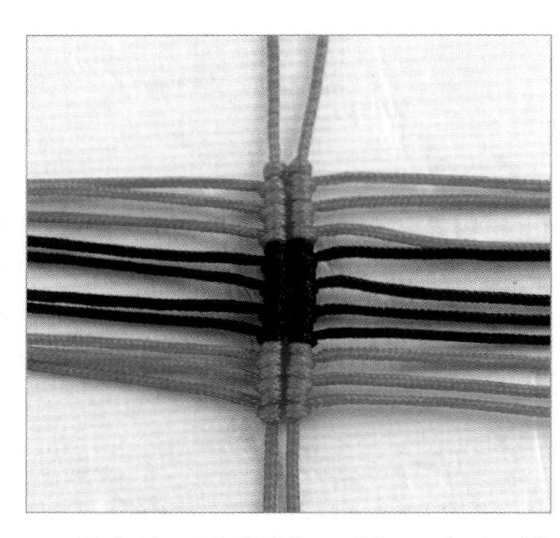

5.重复打斜卷结，第二条竖线和主线同样步骤。

6.将所有横线放到同一个方向，主线上中间的两条黑线各打一个斜卷结。

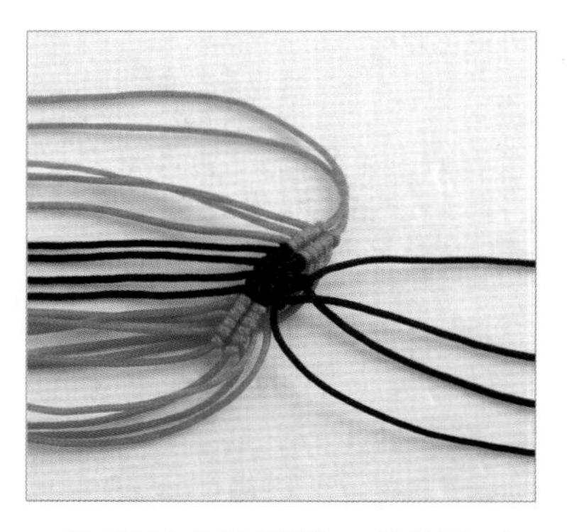

7.然后两旁的黑线，分别与中间的线打一个斜卷结。

8.两边各打一个半斜卷结，中间相邻的两条线打半个斜卷结，重复再做一个小圈。

9.左右两边的三条线，以中间的线为中线，靠近黑线的线绕中线打两个斜卷结。

10.如图，左边三条线分别依次绕着原主线各打一个斜卷结，两条黑线也绕其各打一个斜卷结。

11.右边同样步骤，最后原主线打一个斜卷结，完成一面菱形。

12.翻面重复步骤6～11，做成一个菱形。

13.剪去余线，线尾用火烫至固定。

14.取一条线绕着流苏中间打死结，然后线从里面穿过菱形。

15.把流苏拉到里面，穿一颗珠子，打一个双联结。

16.穿珠子，再打一个双联结。

17.其中一段线折回来做挂耳，另一端绕其打死结。

18.剪去余线，用火烫线尾固定，修齐流苏尾即成。

青烟渺渺

材料 cai liao

B玉线120cm1条，流苏2束，珠子

制作步骤

1.B玉线对折，中间留出适当的长度，打一个双联结。

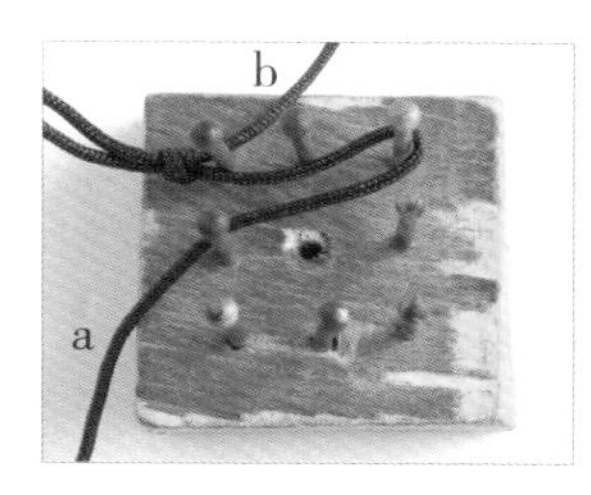

2.a段如图绕线。

3.b段从a段耳翼中穿上来，勾住一颗钉子。

4.继续从耳翼中穿上来，勾住钉子。

5.如图重复前面的步骤两次，做出图中的形状。

6.a段如图从线上穿入上行中间的耳翼，从线下拉出来。

7.钩子压着b段源头，挑起其他线下穿过下行的耳翼中，如图勾住a段。

8.把a段拉过去后，再从线上往回穿，如图所示。

9.钩子如图穿过勾住钉子的耳翼中间，勾着a段线头。

10.把线上拉后，钩子从下面挑起两条线上穿，如图所示。

11.把线下拉，就做好一个团锦结。

12.脱板。

13.中间穿一颗珠子，把线调整好，打一个双联结固定。

14.留出适当长度，穿入珠子和流苏。

15.修齐线尾即成。

曲仙

材料 cai liao

4号韩国丝90cm1条，A玉线30cm1条、60cm1条，
B玉线150cm1条，金线40cm1条，接圈，珠子，木质挂件，流苏

制作步骤

1.如图，取线对折，B玉线穿过韩国丝。

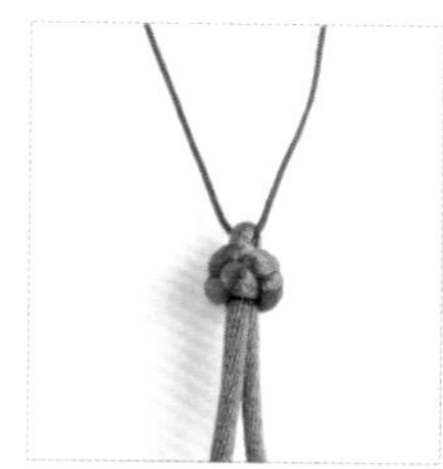

2.韩国丝打一个五边菠萝扣。

3.玉线穿入菠萝扣、接圈、珠子、木质挂件，打死结，剪掉余线。

4.取A玉线穿过挂件，打一个双联结。

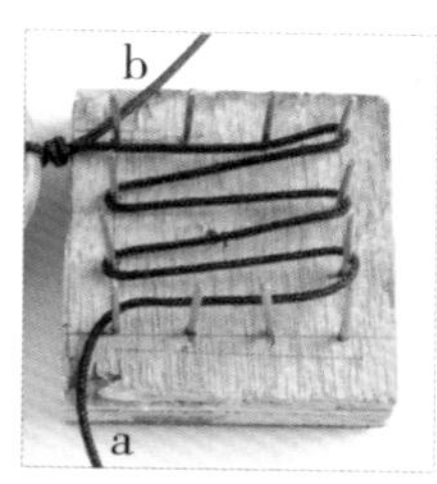

5.上钉板，a段如图绕出横线。

6.b段如图绕出纵线。

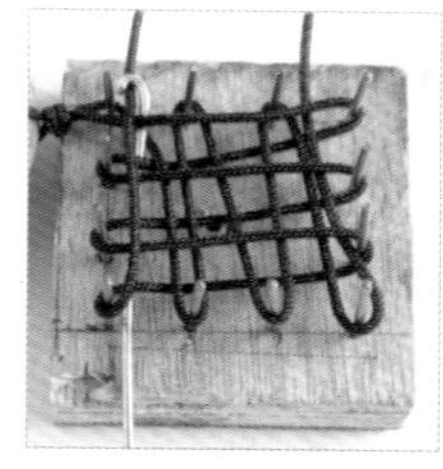

7.a段如图往上摆放，钩子从横线下伸过去。

8.把a段从线下拉出来。

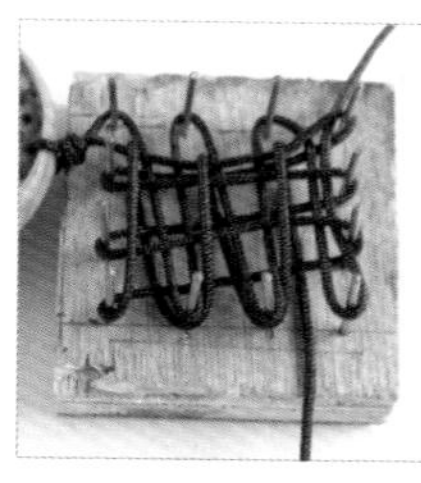

9.如图，重复做两次，穿好a段纵线。

10.挑起b段第二、四、六条纵线和a段纵线，钩子伸过去勾住b段线。

11.把b段拉下来。

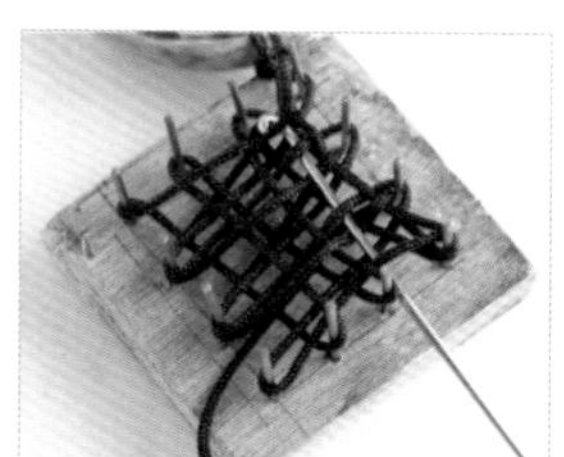

12.挑起b段第二、四、六条纵线，勾住b段。

13.把b段回穿过去。

14.重复两遍步骤10～13，穿好b段，如图所示。

15.脱板成一个十耳盘长结。

16.调整结体，然后打一个双联结。

17.走金线。

18.绑上流苏即成。

雅致之音

材料 cai liao

头绳1条，绕线30cm1条，A玉线30cm6条，流苏线2束，珠子

制作步骤

1.将头绳的两端用打火机略烧后对接成圈。

2.穿入一颗珠子，用绕线包着头绳绕2cm。

3.加一条A玉线，如图交叉叠放，用绕线绕2cm。

4.拉成圈后剪掉余线。

5.同法再拉一个圈，保留余线作为中线。

6.中线穿入一颗珠子，编一个双联结，再穿一颗珠子。

7.穿一串珠圈，如图编一个双联结。

8.如图穿入珠子。

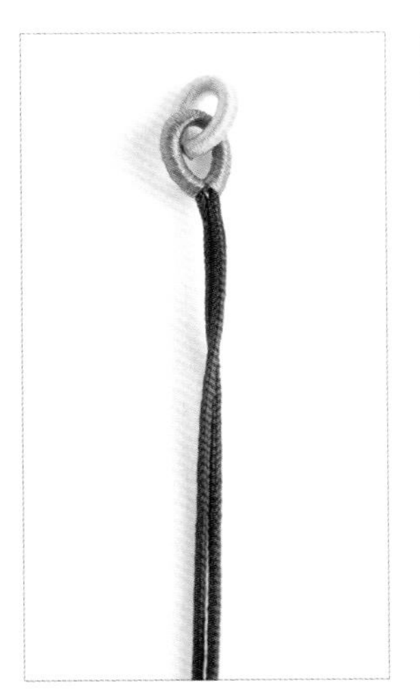

9.仿照前面的步骤再做两个拉圈。

10.用拉圈的余线穿入一颗珠子，绑一束流苏线后在顶部绕线，共做两条流苏。

11.中线分别穿入流苏，如图，分别打死结。

12.剪去余线，修流苏尾即成。

晴明

材料 cai liao

头绳40cm1条，5号韩国丝240cm1条，6号韩国丝150cm1条，
壶型配饰1个，陶瓷珠1颗，金属扣1个，流苏3条，钉板，钩子

制作步骤

1.用打火机将头绳两端略烧后对接成圈。

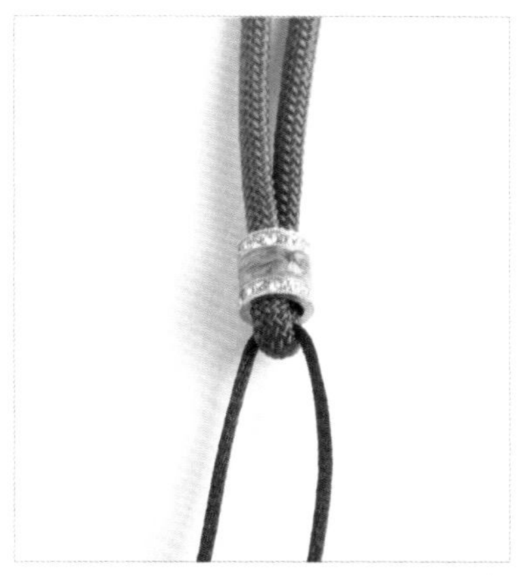

2.串入一个金属扣，加一条240cm5号韩国丝。

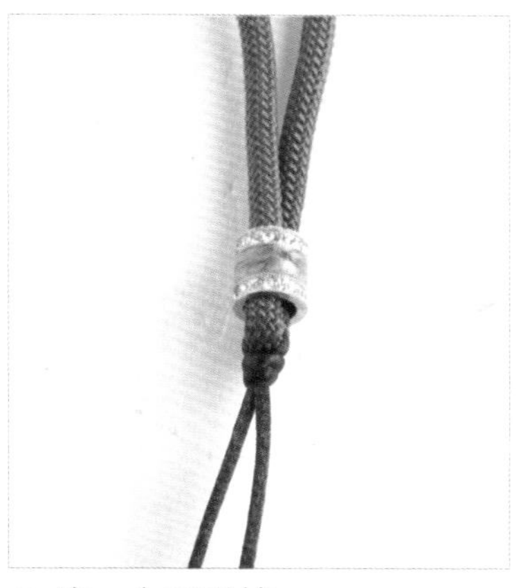

3.编一个双联结。

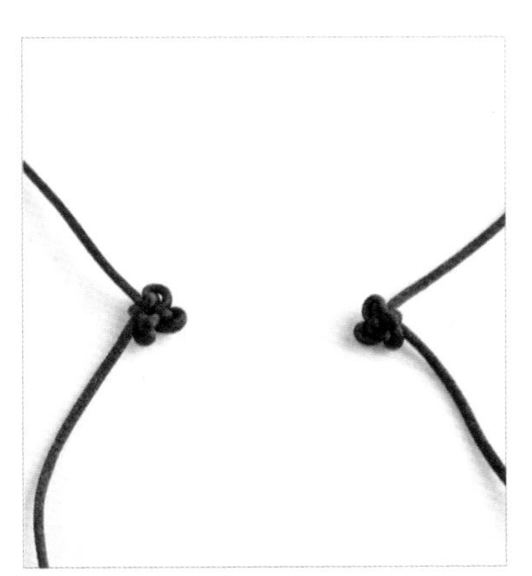

4.两段线各留出合适的长度，编一个三耳酢浆草结。

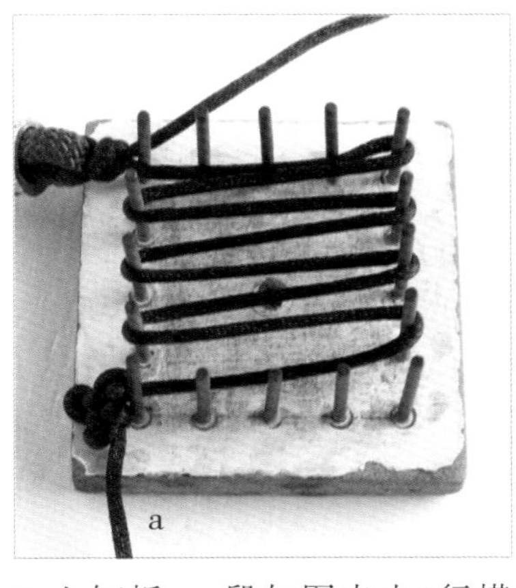

5.上钉板，a段如图走出8行横线，将三耳酢浆草结调整到左下角。

6.b段如图压、挑各行横线，走8行纵线，将三耳酢浆草结调整到右上角。

7.a段如图包着8行横线走8行纵线。

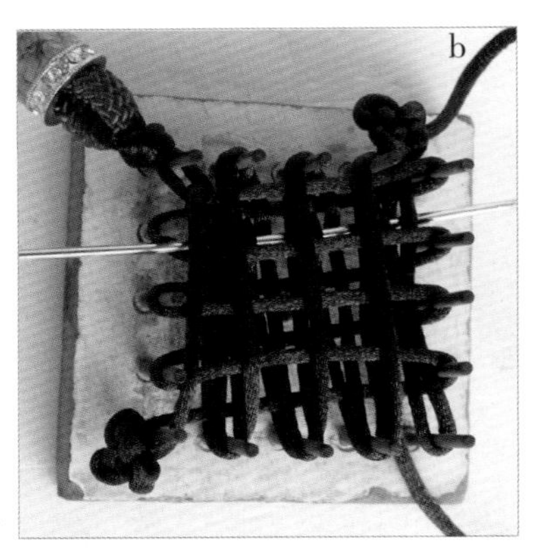

8.钩子挑2线，压1线，挑3线，压1线，挑3线，压1线，挑3线，压1线，挑1线，钩住b段。

9.拉出b段，然后钩子挑第二、四、六、八行b纵线，钩住b段并拉出。

10.重复步骤8、9的方法，再走6行横线。

11.从钉板上取出结体。

12.调整好结体，拉出如图耳翼，编一个双联结。

13.用套色针穿入1条150cm6号韩国丝，穿过结体。

14.向下穿过耳翼，回穿到左上方。

15.右边同法走线。

16.将线走向左边，穿过左上方的耳翼，回穿到右边。

17.右边同法走线。

18.剪线，处理好线尾。

19.如图穿入壶形配件和陶瓷珠，编一个双联结。

20.两段线各留出合适的长度，编一个三耳酢浆草结。

21.两段线合在一起编一个双耳酢浆草结，再编一个双联结。

22.加上3条流苏。

23.整理好流苏，完成。

出入平安
平
出
安
入

材料 cai liao

4号韩国丝300cm2条，木饰配件1个，流苏2条，钉板，钩子

制作步骤

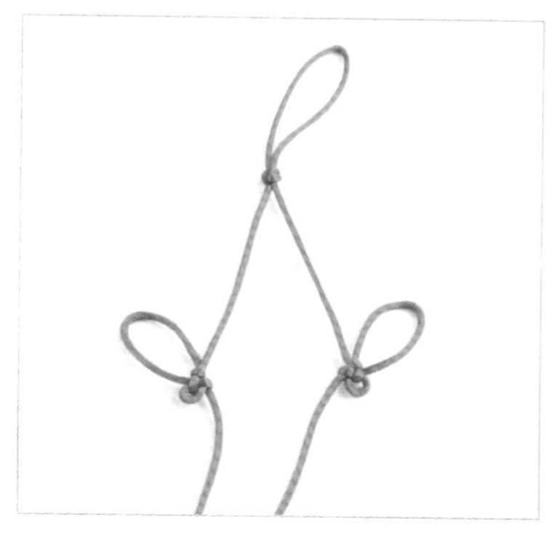

1.将一条线对折，留出挂耳，编一个双联结，然后两段线分别编一个三耳酢浆草结。

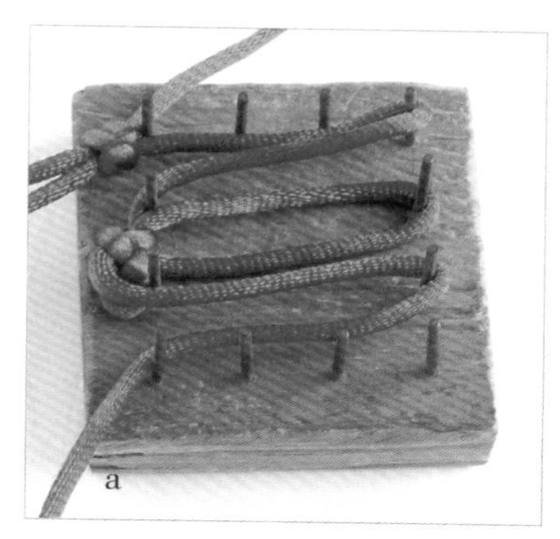

2.a段如图绕出横线。

3.b段挑压a段横线穿出纵线。

4.a段由上往下包绕横线，穿出纵线，再穿一列。

5.然后留出适当的长度，如图揪出两个耳翼。

6.编一个三耳酢浆草结。

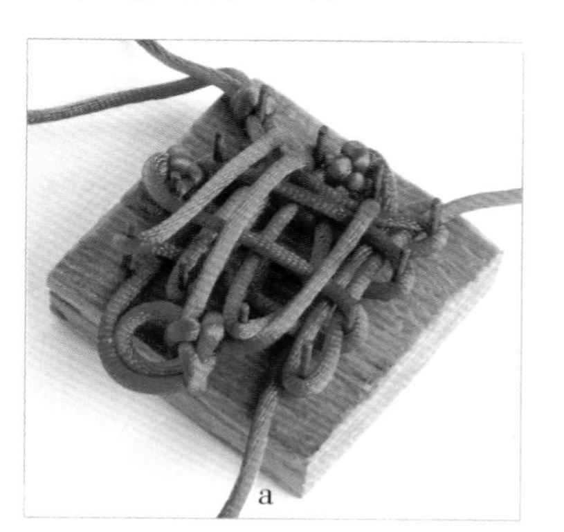

7.余线再穿出一列a段纵线。

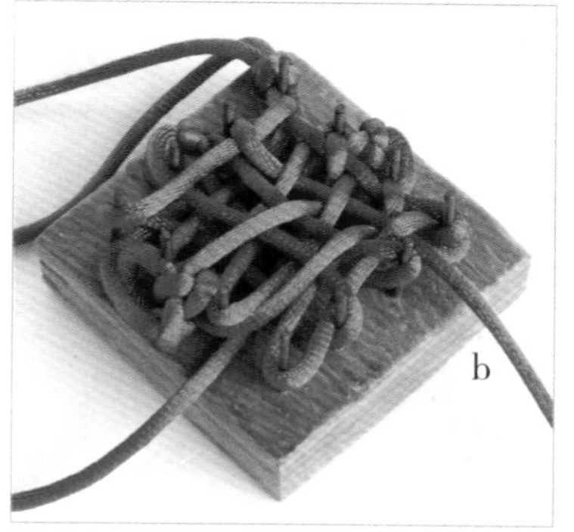

8.压着b段第一、三、五段纵线，挑起其他线左穿b段，再挑起b段第二、四、六段纵线，压着其他线回穿。

9.b段如图再穿一行横线，留出一段线。

10.重复步骤5、6的编法，编一个三耳酢浆草结。

11.再穿一行横线，调整结体。

12.脱板，调整出一个六耳盘长结，然后编一个双联结。

13.穿木饰配件，向上编一个双联结，再穿一条线，编一个双联结。

14.c段如图所示，在钉板上绕出横线。

15.d段如图绕出纵线。

16.如图，c段线先由上往下绕出一列纵线，再向后上绕一颗钉子，在中间行从d段纵线下穿出。

17.然后绕一下右上角下数第二颗钉子，从上回穿过c段上纵线。

18.继续下绕三颗钉子，穿出c段纵线。

19.再穿一列纵线。

20.压着d段第一、三段纵线，挑起其他线，钩子伸过去勾住d段。

21.把线拉过去后，挑起d段第二、四段纵线，回穿。

22.如图，c段线用步骤16、17的方法，穿出中间列纵线。

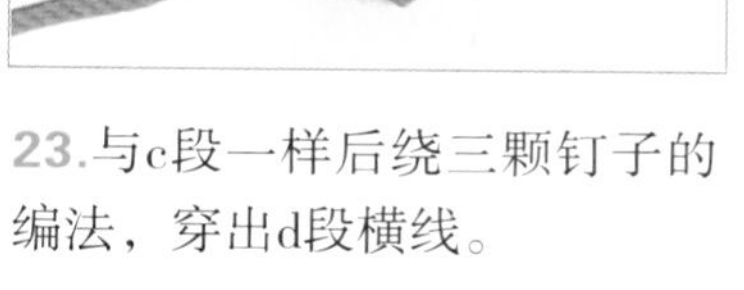

23.与c段一样后绕三颗钉子的编法，穿出d段横线。

24.脱板，调整出一个复翼盘长结，再编一个双联结。

25.穿流苏即成。

古色古香

材料 cailiao

5号韩国丝240cm1条，6号韩国丝150cm1条，头绳30cm1条，金线1束，珠子3颗，菠萝扣1个，木饰莲花1个，铁饰1个，流苏2条，钉板，钩子

制作步骤

1.头绳接成圈，穿菠萝扣、5号韩国丝和珠子，再编一个双联结。

2.编一个双耳酢浆草结，然后两段线分别编一个三耳酢浆草结。

3.两段线再编成一个三耳酢浆草结，编一个双联结固定。

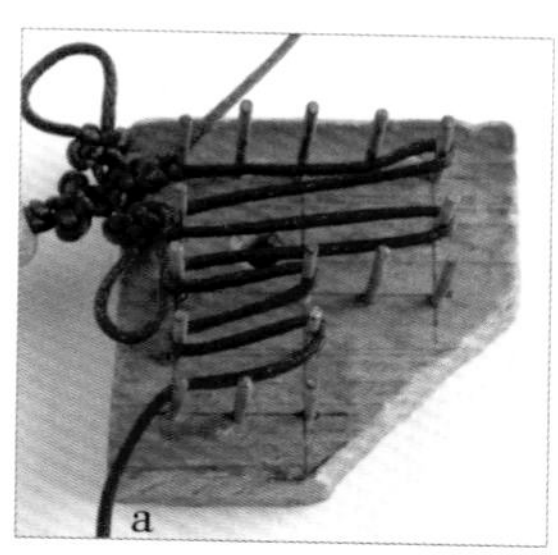

4.上钉板，开始编磬结，a段如图绕横线。

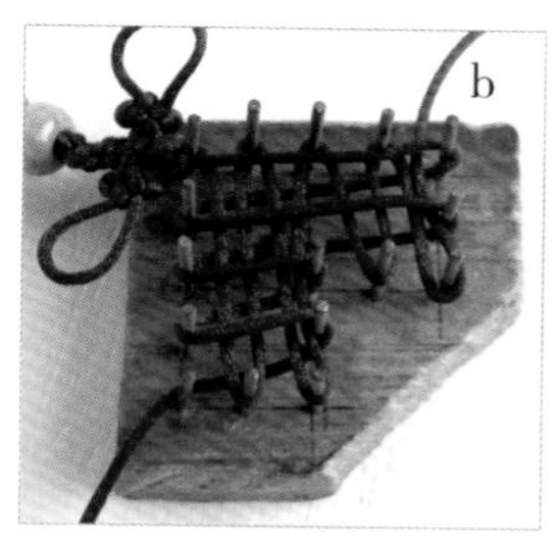

5.b段如图绕出纵线。

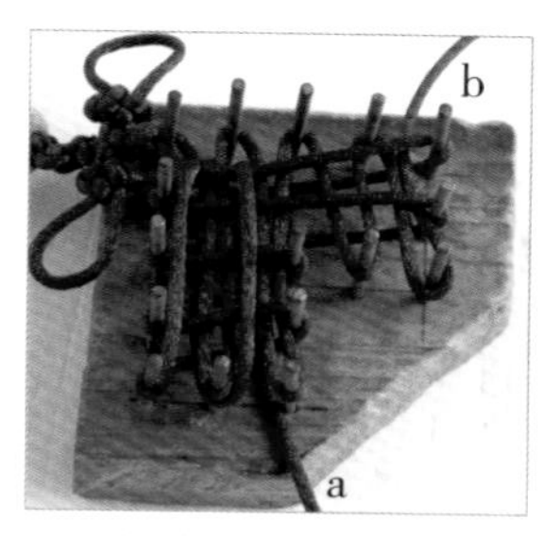

6.a段线由上往下包住横线，穿出两列纵线。

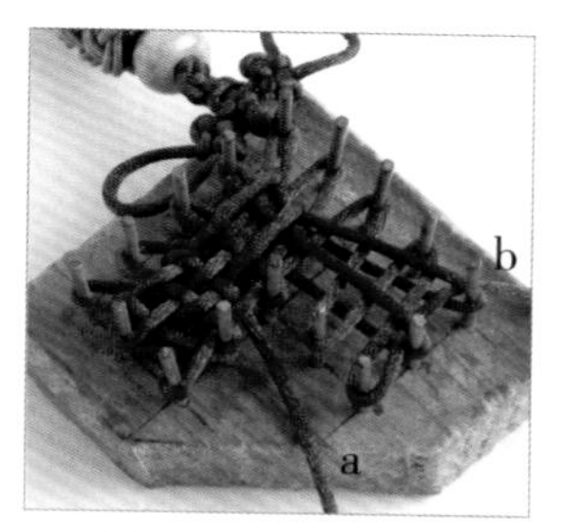

7.a段上绕一颗钉子，挑起a段纵线，压着b段第一、三段纵线左穿，再挑起b段第二、四段纵线，压着a段纵线回穿，再穿一行。

8.b段下绕一颗钉子，挑起b段第二、四、六、八条纵线和a段纵线，压着其他线左穿，再挑起b段第二、四、六、八段纵线回穿，再穿一行b段横线。

9.继续走线，下绕一颗钉子，压着a段第二、四段横线，挑起其他线，线上穿，再挑起b段第二、四段横线，压着其他线回穿，再穿一行。

10.脱板，调整形状，编双联结固定。

11.如图用6号韩国丝走线，一头穿入磬结，然后编一个三耳酢浆草结，较长的那一段向上穿，做出图中的形状。

12.继续走线，将较长那一端的线回穿，重复做出左上方的形状。

13.继续走线，将线穿到左边。

14.翻面，编一个三耳酢浆草结。

15.将线头如图上穿。

16.将6号韩国丝去余线固定之后，再穿入金线。

17.金线沿着6号韩国丝走一遍。

18.穿珠子和配饰，用双联结隔开。

19.再编一个磬结。

20.脱板，调整出图中形状，编一个双联结固定。

21.如图，在耳翼处走一遍金线。

22.穿流苏即成。

童心未泯

材料 cai liao

头绳40cm1条，B线210cm1条、70cm1条，股线、金线各1束，
包布1段，陶瓷配件1个，招财猫配件2个，流苏2条，钉板，钩子，双面胶

制作步骤

1.头绳对接，长B线对折穿入，编一个双联结，用股线包住头绳绕线长过包布的宽度，再用包布包在上面，用双面胶粘上。

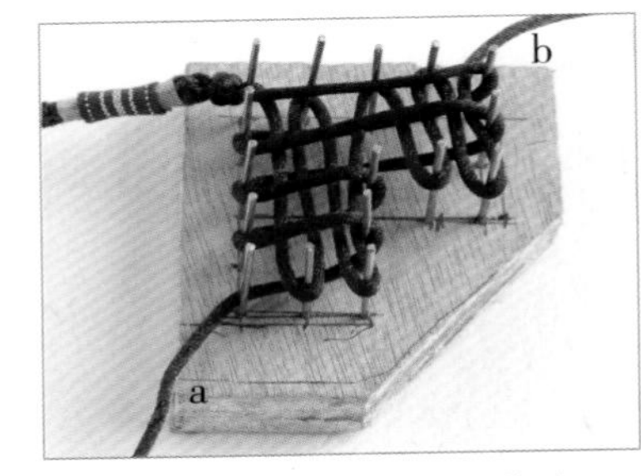

2.上钉板，a段线先绕横线，b段线再挑起a段第一、三、五、七段线，压着其他线穿出纵线。

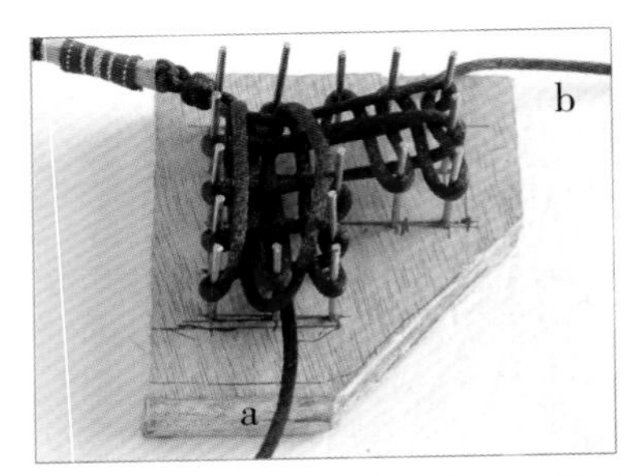

3.a段包住横线，由上往下穿两列纵线。

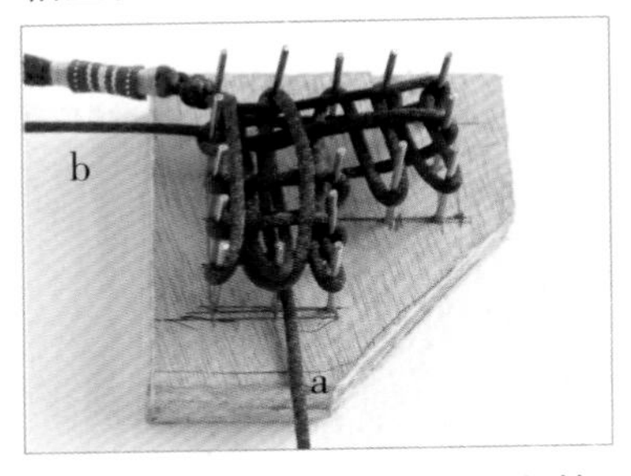

4.b段绕一颗钉子，挑起b段第二、四、六、八条纵线和a段纵线，压着其他线左穿。

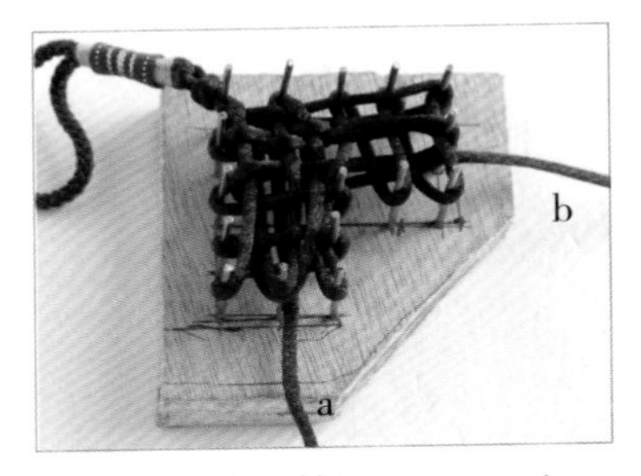

5.再挑起b段第二、四、六、八段纵线回穿，再穿一行b段横线。

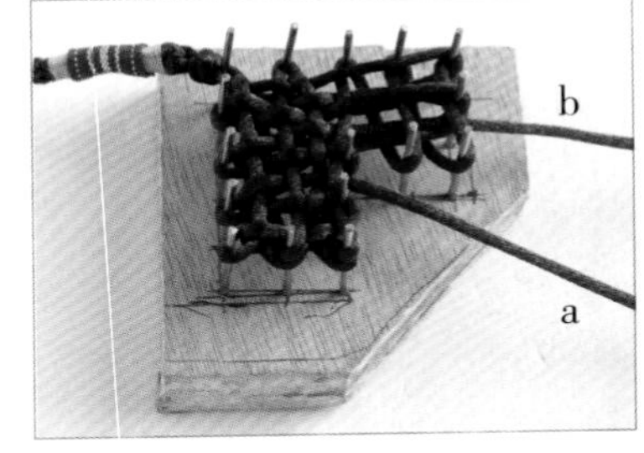

6.a段上绕一颗钉子，挑起a段纵线，压着b段第一、三段纵线左穿，再挑起b段第二、四段纵线，压着a段纵线回穿，再穿一行。

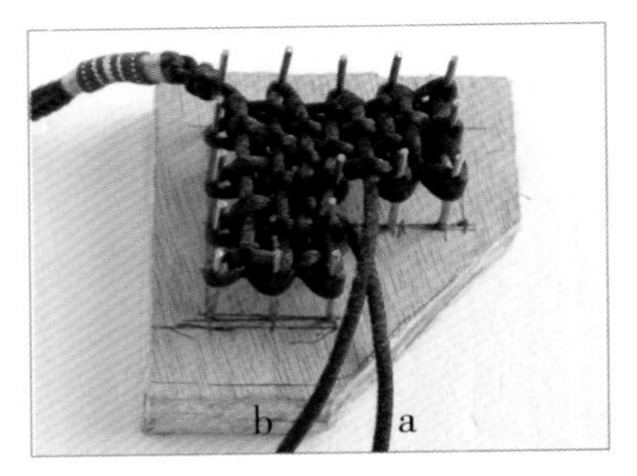

7.下绕一颗钉子，压着a段第二、四段横线，挑起其他线，线上穿，在挑起b段第二、四段横线，压着其他线回穿，再穿一行。

8.脱板，整理完成一个磬结。

9.加入短B线，如图走线。

10.从上往下穿，做出一个双钱结，然后再往上穿。

11.结合右上角预留的线再编一个双钱结。

12.再将线从右上角穿到左下角，重复右边的编法，做出同样的形状。

13.金线沿着短B线走线。

14.走完金线，长B线编一个双耳酢浆草结和一个双联结。

15.穿配件，编双联结隔开。

16.穿流苏即成。

知玉

材料 cai liao

A线60cm2条，已编好雀头结的圆环4个，绕线一束，菠萝帽1个，流苏线1束，头绳30cm1条，玉配件1个，金线1束，珠子若干

制作步骤

1.头绳接圈，A线穿过头绳后穿1颗珠子，编一个双联结固定。

2.用绕线做一个菠萝扣。

3.头绳穿入菠萝扣。

4.绕线再沿菠萝扣的线走一遍，调整拉紧，拉到合适的位置。

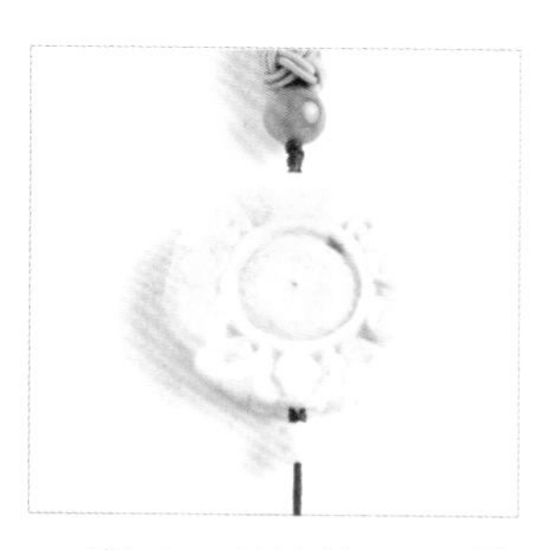

5.穿入玉配件，A线向上编一个秘鲁结固定，下面穿入另一条A线，编一个双联结，穿入一颗珠子。

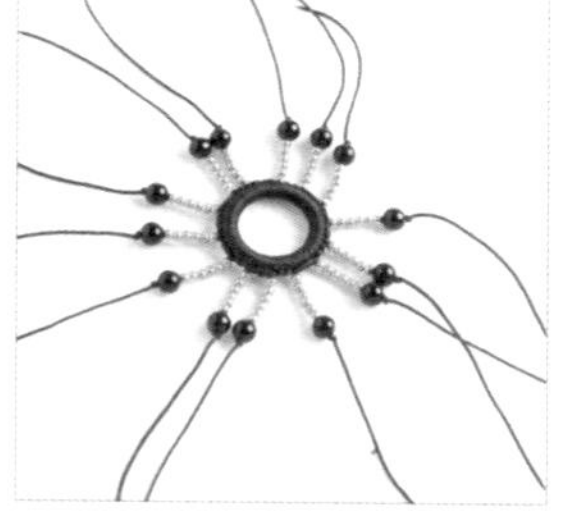

6.取一个圆环，如图穿入7条短线，再分别穿珠子、编单结固定。

7.去掉余线。

8.A线穿入菠萝帽、3个圆环和一个穿了珠子的圆环。

9.如图绑流苏线。

10.然后用绕线在流苏上端绕线。

11.拉中间的A线，把流苏向上提，穿入圆环，修齐流苏线尾即成。

踏青

材料 cai liao

5号韩国丝150cm1条（黄色）、120cm2条（绿色），扇形坠子1个，流苏2条，钉板，钩子

制作步骤

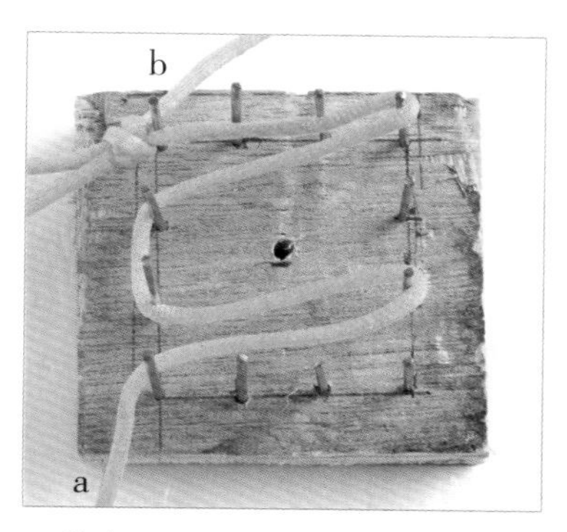

1.黄色线对折，留出适合的长度，编一个双联结，上钉板，a段绕出图中形状。

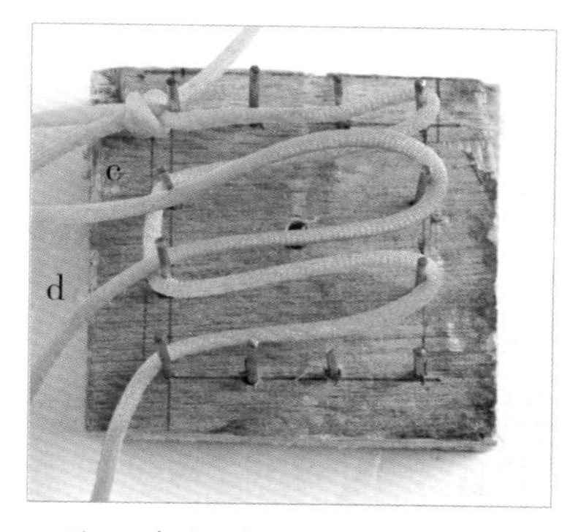

2.取一条绿线对折，如图摆放在钉板上。

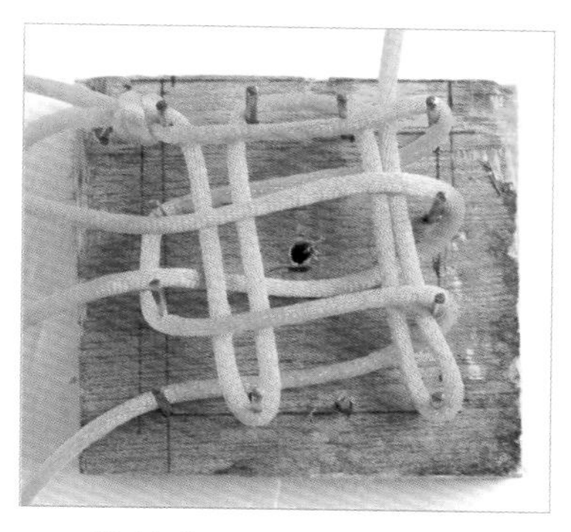

3.b段挑起a段第一、三段横线、c段第一段横线，穿出b段纵线。

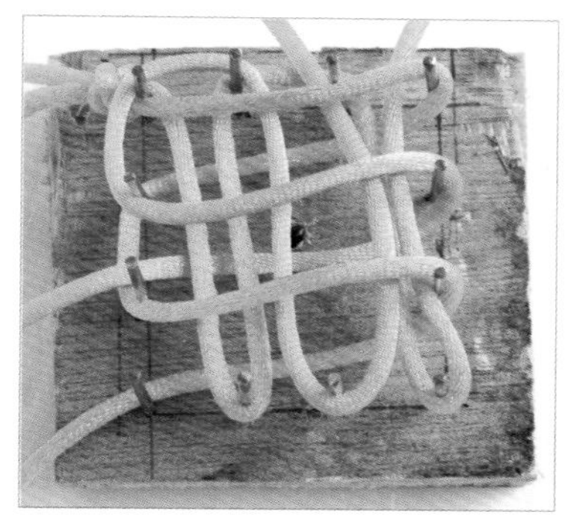

4.c段上绕过三颗钉子挑起步骤3中的横线，穿出图中纵线。

5.a段留出一个耳翼的长度，从上往下包住横线，d段绕a段耳翼编一个双钱结。

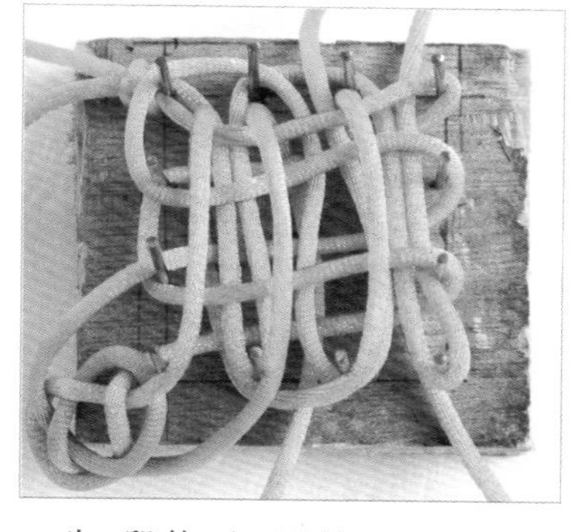

6.先a段绕过两颗钉子，再d段绕过三颗钉子，均从上往下包住横线，如图所示。

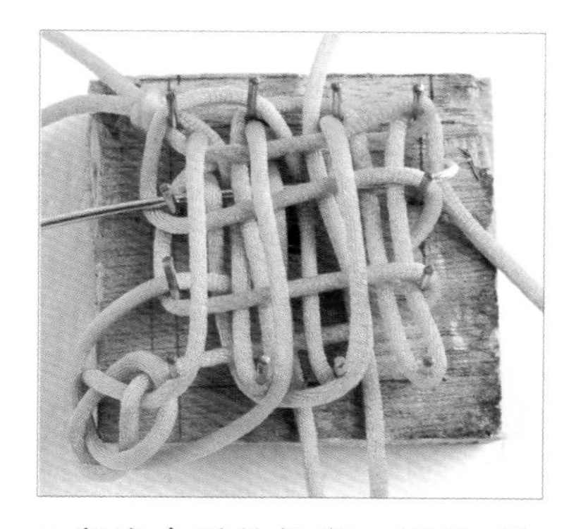

7.留出合适的长度，压着b段第一、三段纵线，c段第一段纵线，挑起其他线，钩子伸过去勾住b段拉过去。

8.挑起b段第二、四段纵线，c段第二段纵线，压着其他线回穿b段。

9.c段与b段留出的耳翼编一个双钱结。

10.b段下绕两颗钉子，重复步骤7、8。

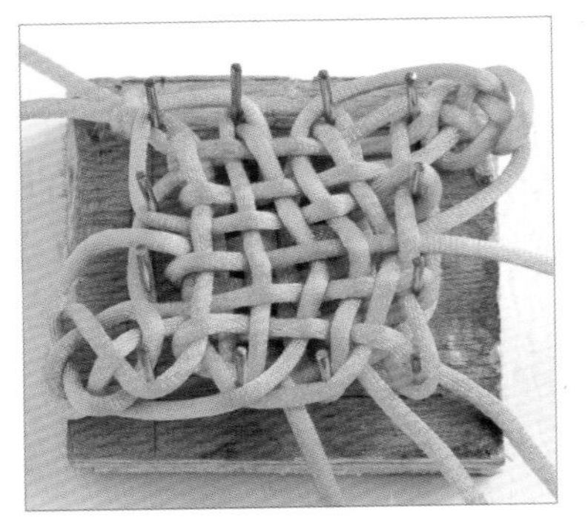

11.c段下绕两颗钉子，重复步骤7、8，做出如图形状。

12.脱板，整理结体，两黄线编一个双联结。

13.穿扇形坠子。

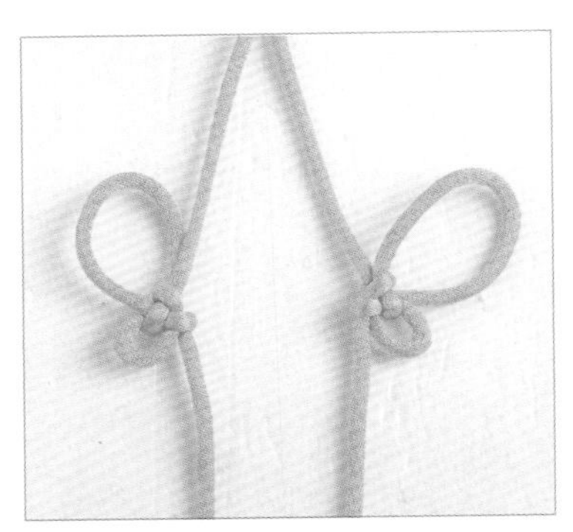

14.坠子底部穿线，编一个双联结，两线再分别编一个三耳酢草结。

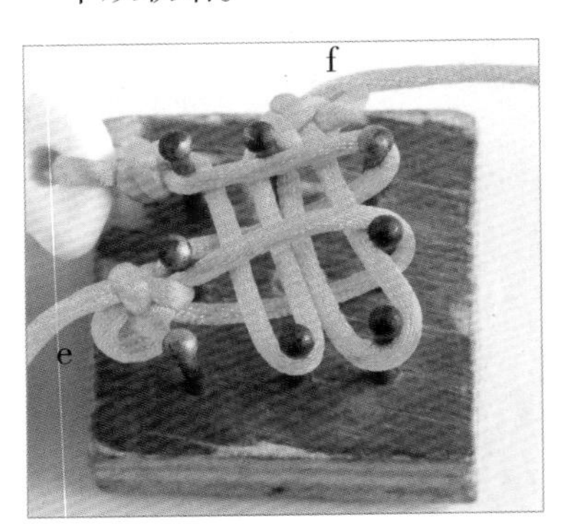

15.上钉板，编六耳盘缠结，e段先绕横线，f段绕纵线。

16.e段从上往下包绕住e段横线。

17.压着f段第一、三段纵线，挑起其他线将f段拉过去，再挑起第二、四段纵线，压着其他线回穿f段，再重复一次。

18.脱板，调整结体，再编一个双联结，绑上流苏即可。

葱葱郁郁

材料 cai liao

6号韩国丝210cm4条，玉饰1个，金线1束，流苏线2束，钉板，钩子

制作步骤

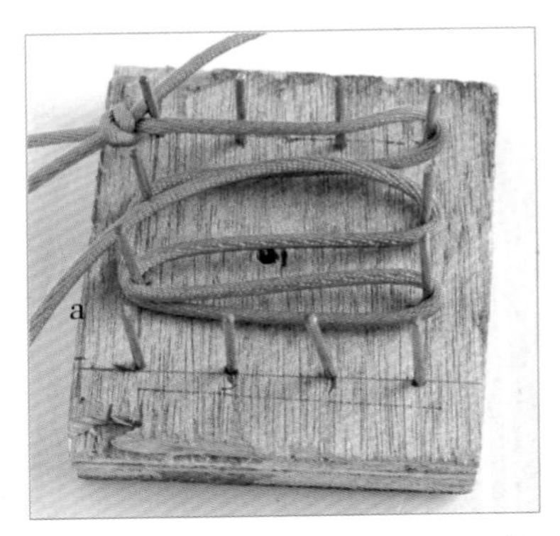

1.取一条线对折，留出10cm长度，编一个双联结，上钉板，a段如图绕线。

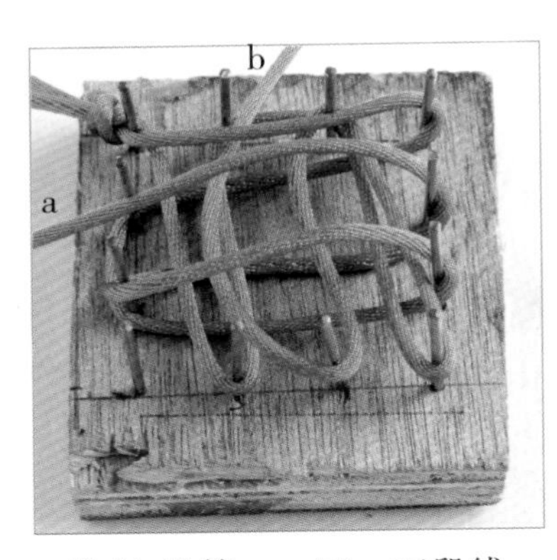

2.挑起a段第一、三、五段线，如图穿出b段线。

3.a段下绕三颗钉子，从上往下包住a段横线，压着纵线，如图穿出来。

4.同理，a段先穿出左边的纵线，在纵线下右拉，再穿出纵线，如图。

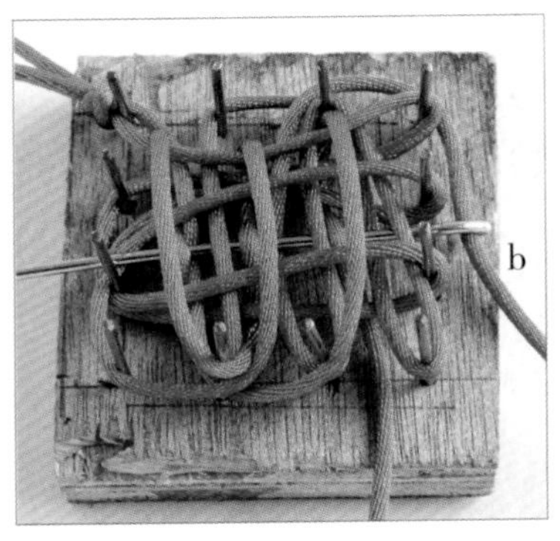

5.钩子压着a段横线，b段第一、三、五段纵线，挑起其他线，钩子伸过去，如图勾住b段。

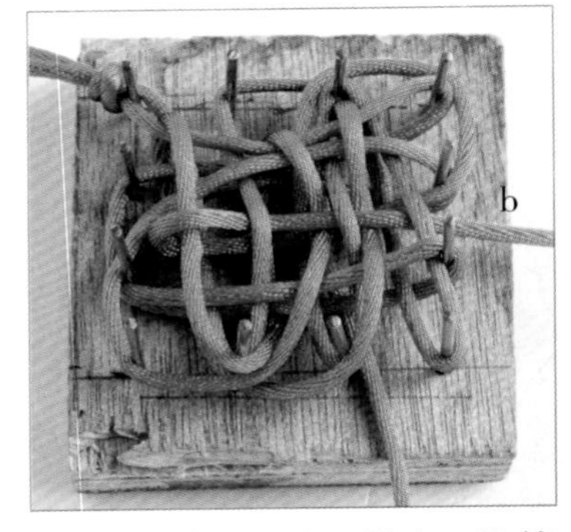

6.b段左拉之后，挑起b段第二、四、六段纵线回穿，做出横线。

7.同理，b段先穿上行横线，在横线下拉，再穿出下行横线，如图。

8.脱板，调整形状。

9.取另一条线，由下往上，压1挑1压1挑1压1挑1穿入结体。

10.结体翻面，重复步骤9，把线上穿。

11.线沿着结体原本的线穿行，做出双线。

12.调整结体，用两条线包住其余线编一个双联结。

13.穿入玉饰，向上编一个双联结，去掉余线，火烫线尾，玉饰下端穿入两条线，编一个双联结。

14.拿起两条线，留出15cm的长度，分别编一个双钱结。

15.上钉板，c段如图绕线。

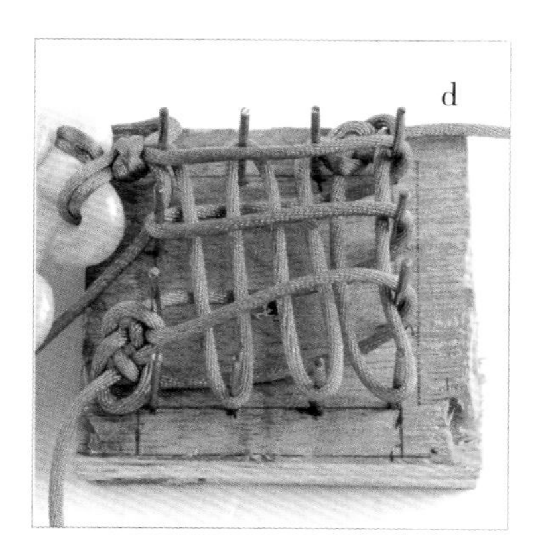

16.挑起c段第一、三、五段横线，穿出d段纵线。

17.c段从上往下，包住c段横线穿行。

18.压着d段第一、三、五段纵线，d段左穿，挑起d段第二、四、六纵线，d段回穿，重复两次。

19.如图，调整结体。

20.左边的线顺着c段绕一遍。

21.右边的线顺着d段绕一遍。

22.取两条线包绕余线编一个双联结。

23.绑流苏，绕金线。

24.再绑一束流苏，修线尾即成。

幸福安康

材料 cai liao

5号韩国丝350cm1条，香囊3个，流苏3条，钩子，钉板

制作步骤

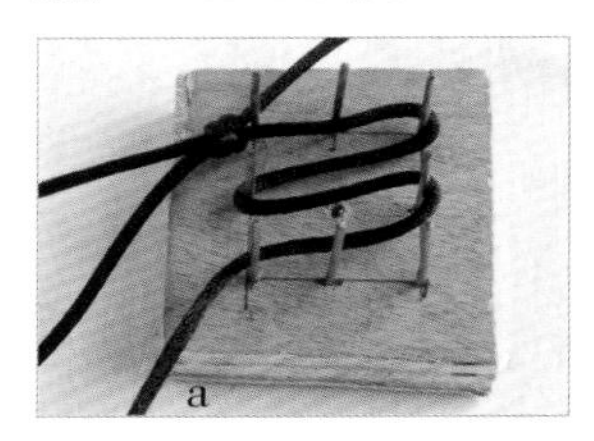

1.将线对折，留出10cm，编一个双联结，上钉板，a段如图绕线。

2.挑起a段第一、三段横线，穿出b段纵线。

3.a段由上往下包住a段横线，如图穿出纵线。

4.压着b段第二、四段线，挑起其他线，b段左穿，再挑起b段第二、四段线，如图右穿，再做一遍。

5.脱板，调整形状，线尾编一个双联结。

6.穿入一个香囊，编一个双联结。

7.左线编一个三耳酢浆草结。

8.拉紧，右边同样编一个三耳酢浆草结。

9.然后两条线编一个双耳酢浆草结，再编一个双联结。

10.重复步骤6～9两次，再编一个双耳酢浆草结。

11.两条线穿入一条流苏。

12.右线从下穿入一条流苏，穿入右边的酢浆草结耳翼。

13.右线再穿进流苏里。

14.左线同样步骤，穿一条流苏。

15.拉紧余线，编一个单结固定即成。